Understanding Global Cities

글로벌 도시의 이해

이혁진 저

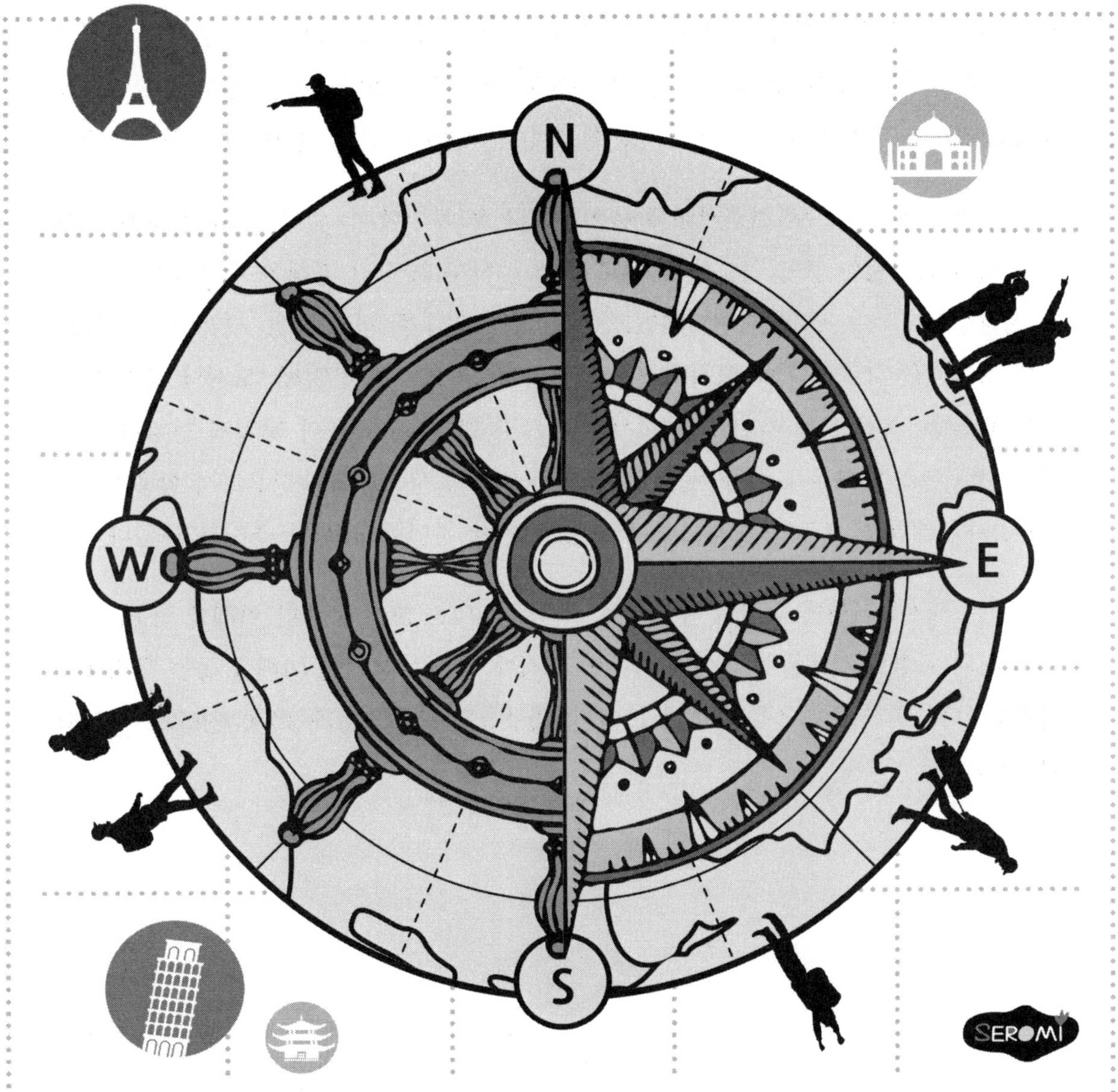

SEROMI

도시는 '인구가 많이 밀집해 있고, 사회적, 경제적, 정치적 활동의 중심이 되는 장소'를 의미한다. 인간이 살고 있는 도시는 '인간이 거주하는 공간'의 특성상, 특정 시점에 정체되는 것이 아니라 시간의 흐름에 따라 지속적으로 변화하고 있다. 특히 현대사회에서 인간은 도시 속 터전을 통해 개인의 삶의 목표를 실현하고 있으므로, 도시는 인간의 '삶의 질' 향상을 위해 없어서는 안 될 중요한 장소가 되었다. 이런 배경에서, 도시의 경쟁력 강화는 미래 도시의 비전과 생존을 위해 피해갈 수 없는 전략이라고 할 수 있다.

또한 현대 도시는 무한경쟁시대에 들어와 있음을 부인할 수 없다. 세계의 도시들 간에 국경이 없어지는 것이 현실이며, 이로 인해 특히 대도시 간 경쟁은 치열해지고 있다. '도시경쟁시대'라는 말이 보편화되었고, 도시경쟁 시대를 겪고 있는 세계의 도시들은 개별 경쟁력을 갖추기 위해 도시마케팅 전쟁이 한창이다. 다시 말해 '도시나 장소를 마케팅한다.'는 개념이 등장하였고, '도시를 마케팅 한다.'는 표현이 낯설게 들리지 않고 있다. 지구촌의 대부분 도시들은 도시마케팅을 도시의 생존전략 수단으로서 활용하면서 도시브랜드개발을 포함한 도시이미지 향상을 위한 차별화 전략을 추진하고 있다.

본서는 세계화시대에 있어서 중요하게 인식되고 있는 도시에 대한 이해를 돕고, 글로벌 도시의 유형별 사례를 한꺼번에 다루어 도시에 대한 기본적인 이해를 돕는 목적에서 집필되었다. 이 책의 내용을 간추려 보면, 전체구성은 1장(3개장)과 2장(6개장)으로 구성되어 있다.

제1장은 도시의 이해를 돕는 부분이며, 도시의 이해와 발달, 도시의 패러다임과 세계화, 도시브랜드의 공간적 이해로 나누어진다. 도시의 이해와 발달은 도시의 의미와 어원, 도시의 발달과 유형으로 구성되었고, 도시의 패러다임과 세계화는 도시의 기능과 내부구조, 도시의 패러다임, 세계화와 세계도시 유형을 다루었다. 도시브랜드의 공간적 이해는 도시마케팅, 도시브랜드와 개발 사례, 도시브랜드와 브랜드슬로건 개발사례 그리고 도시브랜드의 실천사례와 도시브랜딩 유형으로 구분하여 기술하였다.

제2장은 글로벌 도시 탐구이며, 세계화 시대의 도시에 대한 실제 사례연구이다. 도시를 광범위하게 나누어 6개 유형의 도시로 정리하였다. 그 범주는 차례로 첫 번째, '역사적 전통을 지닌 유럽의 문화도시', 두 번째, '이색적인 유산을 보유한 문화도시', 세 번째, '문화예술과 창조적 테마가 돋보이는 도시', 네 번째, '경제, 평화, 정치를 지향하는 국제도시', 다섯 번째, '축제도시', 여섯 번째, '생태·환경과 자연 중심의 도시'로 이름을 붙였다. 각 도시는 개요, 핵심내용으로서 도시의 상징과 도시브랜딩 그리고 의의 등을 통해 글로벌 도시의 특징을 확인하였다.

저자는 본서가 글로벌 도시에 대해 관심이 많고, 도시마케팅과 도시브랜드개발 활용에 대한 정보가 필요한 독자들에게 유용하고 필요한 서적이 되었으면 하는 바람을 갖고 있다. 또한 지속적으로 책 내용에 대한 오류 및 부족한 부분은 수정, 보완하고자 하는 희망을 갖고 있음을 밝힌다. 본서가 출간하도록 도와주신 도서출판 새로미의 모든 분들께 지면을 빌려 고마움을 표한다.

2022년 12월 저자 씀

:: CONTENTS

PART 01 도시의 이해

PART 02

글로벌 도시 탐구

Chapter 04 경제, 평화, 정치를 지향하는 국제도시

Chapter 05 축제도시

Chapter 06 생태·환경과 자연 중심의 도시

PART 01

도시의 이해

CHAPTER 01

도시의 이해와 발달

01 도시의 의미와 어원

1) 도시의 의미

도시(都市)는 인간의 정치·경제·사회적인 활동이 중심이 되는 장소이며, 인구집중으로 인해 비교적 인구밀도가 높은 지역이다. 도시는 촌락과 더불어 인간의 2대 거주형태이며, 도시와 촌락은 반대개념으로 인식된다. 도시는 전통적으로 가옥, 상점, 공장 및 기타 인간에게 유용한 시설이 줄지어 있는 분주한 거리를 의미하는 반면, 촌락은 농가와 경지는 몰론 삼림을 포함한 산지를 포함하는 시골을 의미하였다.

도시는 행정과 사회적인 의미인 도(都)와 경제적인 의미인 시(市) 두 가지 의미를 지닌다. 도시는 사회학적으로 다수의 사람이 그들의 일상 활동을 좁은 경계를 벗어나 광범하게 통합조정하며 살고 있는 공동체를 뜻하며, 행정학적으로 행정구역 중의 하나이다. 인류 역사에서 세계 인구에 대한 도시인구의 비율은 BC 3,000년 거의 0에 가까웠고, AD 100

년 1%미만, 1,800년경 5%, 그리고 1965년 2/3의 비율로 급증하였고, 비율도 증가추세에 있다. 이와 같은 도시화는 주로 대규모산업과 근대국가탄생과 발전에 의한 것이라고 할 수 있다.

도시가 갖추어야 할 요건은 첫째, 많은 인구와 높은 인구밀도, 둘째, 농업이 아닌 산업, 셋째, 도시적 경관, 넷째, 중심성이 있다. 인구밀도는 과거부터 도시를 구분하는 주요 지표로 활용되었고, 정보매체, 교통, 상공업, 행정 등 각 기능의 중심성도 중요하다. 도시와 촌락을 구분하는 기준은 전통적으로 인구수, 인구밀도, 산업별 인구구성 등 관련 지표가 사용되지만, 기준은 나라마다 차이가 있다. 우리나라는 일반적으로 시부(市部)를 도시로, 군부(郡部)를 농촌으로 규정하여 사용하고 있으나, 특정한 인구수를 기준으로 하는 경우도 있다.

도시는 생활양식이 다양하고 복잡하며, 기계화되어 있고 인공적 환경이 탁월하여 인구·사회 구성 등에서 이질적 요소가 많이 내재한다. 또한 주민생활은 사회적 분화와 지역적 이동이 많고, 사회적 관계도 범위가 넓다. 도시는 사회적인 결합관계가 촌락에 비해 일시적, 형식적인 것이 특징이다. 우리나라는 인구 2만 이상과 5만 이상으로 도시 형태를 갖춘 곳에 각각 읍(邑)과 시(市)를 부여하는 행정체제를 실시하였고, 특별시와 광역시와 같은 대도시권은 도시규모에 맞는 행정조직을 구성하였다.

2) 도시의 개념

도시연구의 선험자 라첼(Friedrich Ratzel)에 의하면, "도시는 인간과 가옥이 연속적으로 밀집하여 상당히 넓은 면적을 덮고, 주요 교통로의 중심에 있는 것, 직접 토지에서 식량을 구하지 않고 그 때문에 교통이 필요한 집단이다." 이라고 정의되고 있다. 한국민족문화대백과사전은 도시를 "사회, 경제, 정치 활동의 중심이 되는 곳으로서, 항상 수천만 혹은 수만 명 이상의 인구가 집단 거주하여 가옥이 밀집되어 있고 교통로가 집중되어 있는 지역"으로 정의하였다.

도시는 공간적인 시각에서 지구표면 일부를 점하는 지역이며, 다수 인구가 비교적 좁은 장소에 밀집하여 '장소의 점유'를 뜻하는 인구밀도가 상당히 높은 공간이다. 도시는 과거부터 농업, 임업, 목축, 수산업 등 제1차 산업인구비율이 낮았고, 제조업, 건설업, 상업 및 서비스업과 같은 제2, 3차 산업에 종사하는 인구비율이 높았다. 또한 도시는 인간 제 활동의 핵심지역으로 그 주변지역과 밀접한 기능적 연계성을 맺고, 행정, 경제, 문화 등 중심적 역할을 수행하였다. 도시는 다수의 사람들이 그들의 일상 활동을 좁은 경계를 벗어나서 광범하게 통합조정하며 살고 있는 공동체라고 정의하는 것이 일반적이다.

3) 도시의 어원

(1) 동양의 어원

도시는 도(都)와 시(市)가 합쳐져 만들어진 것이다. 도(都)는 원래 왕의 거주지이며, 문무양관이 주재하는 곳이므로 정치적 중심지를 표현하고, 시(市)는 시장, 상품이 흡인되는 장소를 나타낸다. 중국에서 도(都; dū)는 궁성을, 성(城; chéng)은 성벽을 의미하였고, 물품을 거래하는 시장이 도시의 주요 기능에 추가되면서 도성과 시장이 합쳐져 도시가 되었다.

도시는 도성과 시장을 일컫는 말이었고, 의미가 확장되어 정치와 상업의 중심지를 가리키게 되었다. 과거부터 우리나라의 도시는 시(市)와 읍(邑)으로서 지방행정의 중심지였다. 그 주요 역할은 정치적 기능이었고, 상업은 종속적이었다. 이점은 우리나라뿐 아니라 중국과 일본의 도시도 공통적이었고, 강력한 정치적 기능을 가진 사회에서 지방취락에 비하여 권력과 자유를 가진 지역사회를 의미하였다.

(2) 서양의 어원

도시에 대한 서양의 어원은 유럽계통 언어를 중심으로 여러 단어가 존재한다. 각 단어의 규모를 비교하면, 작은 순으로 빌리지(village), 타운(town), 시티(city)가 된다.

빌리지(village)는 인도유럽어로 씨족과 무리를 일컫는 단어 'weik-' 혹은 라틴어 거주지나 마을을 의미한 윌라(villa)에서 유래하였다. 이것이 프랑스어 빌(ville)로 파생되었고, 영어 빌리지가 되었다. 빌리지는 14세기경 타운(town)보다 작은 구역이란 의미로 고정화되었다.

타운(town)은 어원적으로 원시 인도유럽어 시대까지 올라가 종결, 폐쇄, 닫힘을 뜻하는 'dheue-'에서 유래되었고, 파생된 'dhu-no-'는 울타리 혹은 울타리로 둘러싸인 곳을 뜻했다. 이후 고대영어 '툰(tūn)'으로 변형되어 마을, 주거지, 둘러싸인 곳을 의미하였고, 고대 독일어 '자운(zaun; 울타리)'과 연계되어 있다. 12세기경 타운은 빌리지 보다 상위의 구역을 지칭하게 되었고, 이후 들어온 프랑스어 계통의 시티(city)에 밀려 하위 단위로 정착되었다.

시티(city)는 라틴어로 시민을 가리키는 키위스(civis)에서 유래하였고, 여기서 파생되어 로마제국 때 도시를 키위타스(civitas)라고 불렀다. 키위타스는 고대프랑스어 시테(cité)로 변형되어 오늘날 파리의 시테섬을 가리키는 명칭으로도 사용되었다. 영어의 시티(city)와 불어의 시테(cité)는 고대로마의 도시 또는 로마시민권이란 뜻을 가진 'Civitas'를 어원으로 한다.

서양의 도시는 외적에 대한 방어를 중요시하였고, 많은 수가 성곽이나 요새에 초점을 두었기 때문에, -ford, -furt, -burg, -burgh, -pur 등 요새를 뜻하는 어미가 붙는 경우가 많다. 버러(borough), 보로(boro), 버그(burg)는 독일어의 부르크(burg)나 프랑스어의 부흐(bourg)와 같은 어원을 갖고 있고, 이런 사례는 원시 인도유럽어로 높은 곳을 의미한 'bhergh-'

의 파생어이자 게르만어의 요새나 성채(burgos)를 뜻하는 부르크(burg)에서 유래하였다. 또한 일부 영어 지명에 남아 있는 접미사 스테드(stead)나 독일어의 슈타트(stadt)는 게르만어에서 비롯되었고, 곳이나 장소를 의미하는 말이었다.

옥스퍼드(Oxford)

프랑크푸르트(Frankfrut)

자이푸르(Jaipur)

02 도시의 발달

고고학자 칠드(G. Child)는 도시의 기원에 대하여 "인간이 특정 토지에 정착하여 도구를 이용한 농경을 시작하게 된 것을 '농업혁명'이라고 하며, 농업혁명의 결과로 인해 농산물의 잉여현상이 일어난다. 그리고 이 경우 4명이 5명분의 식량을 생산하면 농경에서 해방된 한 사람은 농업과 관계없는 학자, 예술가, 기술자 등의 비농업적 전문가가 된다. 이러한 사람들의 수가 증가하여 이들은 필연적으로 활동여건이 더 좋은 중심촌락에 집중하였고, 여기에서 계층이나 계급이 생기고 도시가 형성되었다."고 하였다. 이것을 도시혁명이라 하며, 도시혁명은 역사적으로 약 5천 년 혹은 1만 년 이전에 나타났다.

도시의 발달은 거친 자연의 제약에서 살아가던 인간이 유목민적 삶을 청산하고, 지적 능력을 활용해 함께 생활하는 생활 공동체'의 성격을 지닌 모둠살이를 하게 된 것을 의미한다. 고대도시의 발생은 인간이 정착생활을 함에 따라 생산력이 증가하여 잉여생산물로 인해 지배계급이 생겨났고, 이 지배계급이 거주하며 통치와 방위를 하며 종교의식을 거행하는 것에서 발달하였다. 도시 발달의 과정을 살펴봤을 때, 인간이 모둠살이로 도시를 형성하게 된 중요한 계기는 BC 5000~6000년경 출현한 농업혁명과 200여 년 전에 발생한 산업혁명이 있다.

1) 고대의 도시 발달

인류 최초의 도시는 요르단강 서안의 예리코(여리고, Jericho)이며, BC 10~8세기 유물들이 출토되어 신석기시대까지 도시의 기원이 올라가고 있다. 잘 알려진 도시 발생 지역은 고대오리엔트제국, 즉 메소포타미아(유프라테스와 티그리스 강)와 이집트(나일강), 고대 인디아(인더스강), 중국(황하강) 등이다.

서양의 고대도시의 형태는 BC 5000년경부터로 추정되고, 잘 알려진 것은 BC 3500년경의 메소포타미아 우르(Ur)와 바빌론(Babylon), 이집트 테베(Thebes)와 멤피스(Memphis) 등이다. 이런 도시의 취락은 초기에 씨족단체로 시작한 후 많은 농민을 포함하는 도시국가를 형성하였고, 도시국가가 통합되어 이집트나 바빌로니아와 같은 대제국이 생겨남으로써 원래의 도시지역은 대국가의 통치의 거점으로 국왕, 관료, 사제, 상인을 비롯한 비농민이 집중하여 거주하게 되었다.

오리엔트문명을 이어받은 그리스는 구릉이나 고지를 거점으로 다수의 촌락이 통합되어 성립된 정치적 단위, 폴리스(polis)라고 하는 도시국가를 형성하였다. 폴리스는 규모가 상이하였으나, 성벽으로 둘러싸여 도시부와 전원부로 나뉘었다. 도시부는 정치, 경제, 사회, 문화의 중심에 있는 지배층이 거주하였고, 중앙에 아크로폴리스(Acropolis)를 만들고, 시가에 아고라(Agora)라고 한 광장이 있어서 의회, 재판, 사교 등 시민의 생활무대가 되었다. 이들은 시민권을 보유하고 평등한 자격으로 시정에 참여하는 민주정치를 실시하였고, 대표적인 폴리스가 아테네이다.

로마는 BC 8세기경 도시국가에서 출발하였으나, 다수의 도시국가를 통합해 대제국을 형성하였고, 지방도시는 씨족적인 도시국가의 성격이 희박해지고 제국의 통제에 예속되었다. 로마는 대국가의 지배의 거점으로서 거대도시로 성장하였고, 인구가 100만 명을 넘었다고 전해진다. "모든 도로는 로마로 통한다."는 말과 같이, 훌륭한 도로와 각 지방에 많은 도시를 건설하였고, 지방도시는 식민도시, 변경지대 주둔지에 건설된 병영도시, 교통상의 요지에 건설한 상업도시의 성격을 갖고 있었다.

아크로폴리스와 아고라

로마 포로 로마노(Rome Forum)

동양의 고대도시의 모태라고 할 수 있는 인더스문명과 황하의 은(殷)과 주(周) 문명이 생긴 것은 BC 3000년에서 BC 2000년 전이다. 인도의 고대 도시는 아리안족이 인도에 침입하기 훨씬 이전에 인더스강 하곡에 모헨조다로(Mohenjo-daro)와 하라파(Harappa) 등 고대도시가 발달하여 농경 중심의 도시문명을 형성하였다. 중국의 고대 도시 발생의 시기는 확실치 않으나, 중국 최초의 왕조 은의 도읍지에 왕궁을 중심으로 규모가 큰 성벽을 세워 도시의 면모를 지녔던 것으로 알려져 있다.

2) 중세의 도시 발달

서양의 도시는 AD 400년부터 AD 1000년까지 쇠퇴와 변화를 겪었다. 5세기 초 게르만족의 대이동으로 로마제국의 도시는 거의 붕괴되었고, 잔존한 기존도시는 명맥만 유지하였다. 그러나 9세기경부터 상업이 발달하여 자유도시가 형성되고, 10세기경부터 화폐경제가 발달함으로써 도시가 번성해갔다. 11세기 이후부터는 국가 간 무역이 성해져서 중세도시가 성립되었다. 중세도시의 전성기는 13~15세기이며, 이탈리아의 도시와 한자동맹을 결성한 도시가 눈에 띈다.

각 도시는 서로 결속하여 상호혜택을 누렸고, 그 활동은 십자군(Crusade)에 의해 동서교류 범위가 확대되고 무역이 성해짐에 따라 융성하였다. 이탈리아 북부의 베니스(Venezia), 피사(Pisa), 밀라노(Milano), 피렌체(Florence)는 활동의 중심지였고, 이탈리아에 가까운 독일의 아우구스부르크(Augsburg)와 뉘른베르그(Nürnberg)는 상업도시로 발달했고, 이외에도 도시기능 중 군사적 기능이 강한 성벽도시가 발달하였다.

피렌체(Florence)

다수의 한자동맹 도시(Hanseatic Town)가 발트 해 연안에서 북해연안에 걸쳐 상업기능의 실권을 장악하였다. 해외에 있는 독일상인의 조합(Hansa)으로 초기 영국 런던(London)을 비롯하여 발트 해를 지배하는 도시로서 함부르크(Hamburg)와 브레멘(Bremen), 플랜더스 지방의 중심지 벨기에 앤트워프(Antwerp), 라인 강의 도시 마인츠(Mainz)

앤트워프(Antwerp)

와 프랑크푸르트(Frankfrut) 등 상업도시가 탄생하였다.

중세도시의 특징은 고대도시와는 다르게 상공업, 특히 시장과 무역을 기반으로 한다는 것이다.

첫째, 입지에서 바다와 인접한 항구나 강의 하구 등 교통요지를 차지하였고, 방어에 유리한 지형을 근거로 발달하였다.

둘째, 외형적으로 도로망이 불규칙적이며 폭이 좁았으나, 나중에 건설된 도시는 계획적으로 건설되어 대부분 직교형을 이루었다.

셋째, 중세도시를 결합하는 3대 요소는 시장, 성벽, 성당이다. 중심부는 광장이 있고 시장이 세워졌고, 부근에 시청과 성당건물이 우뚝 솟아 있었다.

넷째, 일반 민가는 대개 목조건축으로 지어져 화재 시 소실되었고, 뒤에 점차로 돌이나 벽돌 등 화재에 강한 재료로 건축되었다.

다섯째, 도시에 따라 정도차이가 있었으나 자치조직이 인정되었고, 주위의 농촌과는 독립한 재판부와 법정을 가지고 국왕과 영주로부터 자치권을 허락받았다.

여섯째, 같은 종류의 경제활동에 종사하는 상공업자의 조합, 길드(Guild)를 발달시켜 교회를 제외한 가장 보편적이고 대표적인 공동생활체를 이루었다.

3) 근대 이후의 도시 발달

근대 들어, 상공업과 무역발달로 자본이 축적되었고, 신항로와 신대륙 발견으로 강력한 통일국가가 탄생하였다. 절대왕정의 발달로 국가의 통제가 강화되어 도시의 자치적 요소가 약해졌으나, 왕권강화를 위한 정치 중심지로서 수도발달이 부각되었고, 중상주의에 따라 해외진출기반이 되는 도시의 발전이 촉진되었다. 중세의 중심도시 한자동맹의 도시는 쇠퇴하기 시작했고, 대서양에 면한 스페인의 마드리드(Madrid), 포르투갈의 리스본(Lisbon), 네덜란드의 암스테르담(Amsterdam) 등 해양도시가 식민지개척과 경제과 금융근거지로 번영하였다. 17세기 후반, 영국과 프랑스로 중심이 옮겨져 런던(London)과 파리(Paris)가 세계의 정치와 경제의 중심이 되었다. 런던은 해운을 배경으로 발전하여 18세기에 인구 100만 명에 달하는 대도시가 되었고, 국가통일이 뒤늦은 독일의 베를린(Berlin)과 빈(Wien, 오늘날 오스트리아)이 발달하였다. 유럽의 도시화 현상과 영국에서 시작된 산업혁명은 농촌에 비해 도시인구가 급증하는 계기가 되어 도시발전을 가져왔다. 역사상 전례 없는 도시발달의 시대를 이루었고, 인구수 500만 명이 넘는 거대도시 탄생을 예견하였다.

마드리드(Madrid) 콜럼버스 동상

베를린 브란텐부르크 토어

세계의 도시발달을 문명사적으로 접근하였을 때, 도시는 초기에 신전의 도시로 시작되어 왕권의 도시, 봉건 영주와 종교도시, 상공인들의 도시로 이어오다가, 산업혁명 이후 공업도시를 비롯한 산업도시와 다양한 기능도시로 변모하였다. 현대의 거대도시는 정치, 경제, 문화, 교육, 관광, 군사 등 각종 기능을 종합적으로 갖춰 복합적인 도시 형태를 나타내고, 많은 인구가 집중되어서 하나의 커다란 유기체를 형성하고 있다. 오늘날의 현대 도시는 규모가 크게 분화되었고, 인구 1천만 명이 넘는 초대도시가 있는 반면, 5천 명 내외의 작은 도시도 존재한다. 또한 도시는 각각 다른 여건에 따라 상이한 양상으로 도시화 과정을 밟아왔고, 21세기 현 시점에서, 전 세계는 선진국과 후진국 간 구분 없이, 급격한 도시화시대와 도시문명의 시대에 놓여 있다.

03 도시의 유형

도시 유형은 경제적 측면에서 소비도시(정치도시, 군사도시, 종교도시, 교육도시, 관광도시), 생산도시(공업도시, 광업도시, 수산도시 등), 교역도시(상업도시와 교통도시)로 구분할 수 있다.

1) 소비도시

(1) 정치도시

워싱턴 DC(Washington DC)

정치도시(Political City)는 정치기능이 발달한 도시이며, 수도와 지방행정 중심도시가 해당된다. 일반적으로 국가 혹은 지방 정치활동의 중심이 되는 동시에, 사회, 경제, 문화 및 기타 여러 면에서 중추적 역할을 한다. 정치도시는 먼저 순수한 정치기능이 지배적인 도시로서 미국 메릴랜드 주와 버지니아 주 사이에 위치한 워싱턴 DC(Washington DC), 캐나다 오타와(Ottawa), 오스트레일리아 캔버라(Canberra), 브라질 브라질리아(Brasilia) 등을 들 수 있다. 이런 도시는 주로 연방국가의 수도이자 연방 간의 세력균형을 위하여 수도를 그 국가의 최대도시에서 분리해 새롭게 정치도시를 건설하였다. 또한 오랜 역사를 가진 국가의 수도나 지방행정도시이면서 경제기능을 포함한 여러 기능을 보유한 종합도시 성격이 강하다. 이런 도시는 은 도시성장에 따라 정치보다 상업 기능이 더 탁월하다.

(2) 군사도시

군사도시(Fortress City)는 군항, 병영 및 기타의 군사기관이나 시설을 중심으로 발전한 도시이다. 이 도시의 특징은 군대주둔, 군사기지 존재, 작전상 중심지의 기능 등이다. 일반적으로 군사적 공업시설이 있다는 사실 하나 만으로 '군사도시'라고 보기 어렵고, 견해에 따라 역사적인 성곽도시를 군사도시 사례로 구분할 수도 있다. 오래전 도시는 대부분 성곽도시를 이루고 있었고, 외적침입으로부터 도시를 방어하는 목적으로 병영이나 군영과 밀접히 관련되어 있다. 서양의 도시에서 ~burg(독일), ~baurg(프랑스), ~burgh(영국)와 같은 어미를 지닌 도시가 해당된다. 오랜 역사와 전통을 지닌 로마(Rome), 이스탄불(Istanbul), 테헤란(Teheran), 베이징(北京)은 모두 성곽도시이며, 서울과 수원이 포함된다.

제2차 세계대전까지는 '군사도시'라는 이름이 붙은 도시가 많았다. 미국 캘리포니아의 샌디에고(San Diego), 영국 잉글랜드 포츠머스(Portsmouth), 프랑스 프로방스 알프코트 다쥐르(Provence-Alpes- Côte d'Azur)의 바르 데파르트망(Department)의 툴롱(Toulon), 지중해 지브롤터(Gibraltar)와 몰타(Malta), 일본 구레(吳)와 사세보(佐世保)가 있다. 우리나라의 경남 진해가 군항도시로 알려져 있다.

(3) 종교도시

종교도시(Religious Town)는 사찰, 교회, 성지와 순례지가 있는 종교상의 중심에 인위적, 자연적으로 발생하여 발달한 도시이다. 전 세계 로마 가톨릭을 총괄하는 교황청이 소재한 바티칸시티(Stato della Citta del Vaticano)와 유대교와 크리스트교, 이슬람교가 탄생한 예루살렘

(Jerusalem), 스페인의 산티아고(Santiago de Compostela), 사우디아라비아의 이슬람성지 메카(Mecca)와 메디나(Medina), 인도의 불교와 힌두교성지 바라나시(Vārānasī) 가 있다. 초기에 참배객을 대상으로 한 숙소, 음식점, 토산품점 등 서비스업이 도로를 따라 선상으로 발달하고, 참배자수가 늘어남에 따라 도시가 발달되고 순례관광적인 성격이 부가되면서 기능이 다양화되었다.

바티칸시티(Vatican City)

(4) 교육도시

교육도시(Education City, University Town)는 학원도시 혹은 대학도시로도 불린다. 영국 옥스퍼드(Oxford)와 케임브리지(Cambridge), 미국 뉴저지주 프린스턴(Princeton)과 캘리포니아주 버클리(Berkeley), 독일의 작센주 남서부 라이프치히와 바덴뷔르템베르크 주의 하이델베르크(Heidelberg), 포르투갈 코인브라(Coinbra), 스웨덴 웁살라(Uppsala)가 포함된다.

케임브리지(Cambridge)

(5) 관광도시

관광도시(Tourist Town)는 명승지나 사적, 온천, 휴양 등 관광자원을 토대로 형성된 도시이다. 관광도시는 온천지, 피서지, 피한지를 중심으로 보양과 관광을 겸하여 휴양도시를 형성하는 경우가 많다. 관광도시는 자연자원에 의존하는 유형과 역사문화 자원을 중심으로 발달하는 유형으로 나눌 수 있다. 스위스 인터라켄(Interlaken), 미국 뉴욕주 북서단과 캐나다 온타리오주 남동단에 위치한 동명의 도시 나이아가라폴스(Niagara Falls), 미국 네바다주 라스베이거스(Las Vegas), 이탈리아의 로마(Rome)와 피렌체(Florence), 베니스(Venezia), 그리스 아테네(Athens) 및 중국 시안(西安), 일본 교토(京都)와 나라(奈良), 그리고 우리나라의 경주와 제주특별자치도가 잘 알려진 국제관광도시이다.

라스베이거스(Las Vegas)

휴양도시(Resort town)는 비교적 장기간에 걸쳐 머물면서 각종 스포츠나 놀이를 복합적으로 즐기며 휴양할 수 있도록 하기 위해 건설된 도시로서 자연경관이 뚜렷하거나 온천 혹은 해수욕장 등 입지 조건이 좋은 곳에 다양한 목적으로 형성된다.

- **온천도시**: 영국 잉글랜드 남서부 서머싯주 바스(Bath), 독일 남서부 바덴뷔르템베르주 바덴바덴(Baden-Baden), 헝가리 부다페스트(Budapest), 일본 규슈 벳부(別府)
- **해수욕도시**: 영국 브라이튼(Brighton), 미국 플로리다주 마이애미(Miami)
- **은퇴자도시**: 프랑스 프로방스 코트다쥐르의 알프마리팀 데파르트망의 니스(Nice), 미국 애리조나 주 선시티(Sun City)

2) 생산도시

(1) 공업도시

공업도시(Industrial City)는 공업이 도시 존립의 기반이 된 도시이며, 산업별 인구구성에서 제조업종사자가 60% 이상인 도시를 공업도시라고 정의한다. 과거부터 중소도시는 공업기능이 현저하게 탁월하여 공업도시로서의 성격이 뚜렷한 예가 많았고, 대도시는 공장지대가 교외로 이동하는 관계로 제한적이었다. 공업도시는 입지에 따라 임해공업도시와 내륙공업도시, 업종에 따라 기계공업도시, 섬유공업도시 그리고 단일공업도시와 복합공업도시로 구분된다. 도시의 역사에서, 공업도시는 선진국에서 먼저 발달하였다. 유명세를 탄 도시는 영국 중부 맨체스터(Manchester, 면직공업), 독일 라인공업지대 도르트문트(Dort Mund, 제철·기계·섬유공업), 미국 미시간주 최대도시 디트로이트(Detroit, 자동차)와 피츠버그(Pittsburgh, 제철) 등이 있고, 우리나라의 공업도시는 울산광역시와 포항, 구미, 창원 등이 있다.

(2) 광업도시

광업도시(Mining Town)는 광산자원개발에 의해 발달한 도시이다. 광업도시는 일반도시와 성격이 다르다. 광업은 한정된 지하자원을 대상으로 하는 산업이므로, 아무리 큰 광산이라 할지라도 채광이 끝나면 종말을 맞게 되고, 그 때 광업을 대체할 수 있는 산업이 없으면 도시는 소멸한다. 지하자원은 편재된 경우가 많기 때문에 사막이나 한랭지 같은 불리한 환경이라 할지라도 그곳에서 자원이 발견되면 광업도시가 형성된다. 미국 콜로라도주 덴버(Denver)의 경우, 골드러시(Gold Rush) 때 1858년 플레이서캠프와 세인트찰스에 취락이 건설되어 금광채굴을 위한 광업도시가 되었고, 캐나다 북서부 유콘주 도슨(Dawson), 남아프리카공화국의 요하네스버그(Johannesburg), 오스트레일리아의 빅토리아사막에 발달한 캘구를리(Kalgoorlie)는 사막에 입지한 대표적인 사례이다. 우리나라는 과거 장성, 도계, 황지, 사북, 상동 등 광업도시가 형성된 바 있다.

(3) 수산도시

애버딘(Aberdeen)

수산도시(Fishery City)는 수산업을 중심으로 이루어진 도시이다. 수산업은 농업과 임업 같이 원시 생산에 속한다는 점에서 도시적 산업으로 보기 어렵지만, 어업 근거지에 취락이 집중되고 항만시설과 어획물을 판매할 시장과 보관시설이 갖추어짐에 따라 수산도시가 형성된다. 수산도시는 근본적인 수산업에 가공과 유통관련 기능이 덧붙여져 항만도시의 서비스기능이 발생하고, 어업생산의 거점이 되었다. 세계적으로 유명한 수산도시는 영국 스코틀랜드 북해 연안에 있는 애버딘(Aberdeen)과 잉글랜드 북동부의 헐(Hull), 캐나다 노바스코샤주 핼리팩스(Halifax)와 뉴펀들랜드주의 세인트존스(Saint John's)와 우리나라의 강원도 속초와 강릉 주문진, 경남 통영과 충무항 등 많은 사례가 있다.

3) 교역도시

(1) 상업도시

상하이(Shanghai)

상업도시(Commerical Town)는 다른 도시에 비하여 상업활동이 활발하며, 상대적으로 상업 관련 종사자 비율이 높은 도시이다. 이런 도시는 상업시설이 많고, 유통과 서비스활동이 활발하다. 도시는 어느 곳이나 상업기능을 갖게 되므로, 순수한 의미의 상업도시는 중세

도시 이후 사라졌다고 할 수 있다. 과거 대표적인 사례는 독일 헤센주 상업중심도시 프랑크푸르트 암 마인(Frankfurt am Main)과 독일북부 한자동맹관련 도시 함부르크(Hamburg), 프랑스 프로방스 코트다쥐르 마르세유(Marseille), 중국 상하이(上海), 인디아 콜카타(Kolkata, 예전 명칭 캘커타, Calcutta), 아르헨티나 부에노스아이레스(Buenos Aires) 등이다. 국내의 상업도시에 대하여 해외무역이나 중계무역이 성행한 도시를 무역도시라고 한다. 우리나라는 과거 벽란도(碧瀾渡)와 부산포(釜山浦) 같이 고려와 조선시대의 무역항이자 도진취락(渡津聚落)이 있었으나 도시발달은 미약하였고, 순수하게 상업기능 활발한 도시는 찾아보기 어렵다.

(2) 교통도시

교통도시(Transport City)는 교통요지에 입지하여 교통운수업에 관련되어 발달한 도시이다. 예전부터 도로, 철도, 항로, 항공로 등 교통의 집중지점이나 결절점에서 발달하였다. 도로교통이 주가 되었던 시기에는 간선도로의 중계지, 고개 밑 및 하천의 도하지점에 도시가 발달하였다. 철도 개통에 따른 철도교통도시, 해운의 발달과 더불어 항만도시가 발달하였다. 대표적인 사례는 미국 뉴욕(New York), 영국 런던(London), 독일 프랑크푸르트 암 마인(Frankfurt am Main), 일본 요코하마(横濱), 싱가포르(Singapore), 그리고 알래스카 앵커리지(Anchorage) 등이다.

런던(London) 2층 버스

CHAPTER 02

도시의 패러다임과 세계화

01 도시의 기능과 내부구조

1) 도시의 기능

도시의 기능은 도시가 지역적으로 수행하는 역할과 여러 활동을 말하며, 다양하게 접근할 수 있다.

(1) 경제 기능

경제기능은 도시가 보유한 산업적 기능에 따라 공업 혹은 상업도시로서 분류할 때 해당되는 기능이다. 도시는 경제 기능 외에 정치, 문화, 사회 및 기타 영역을 포함하는 제 기능을 하게 되며, 대부분 도시는 여러 가지 기능을 복합적으로 갖고 있다. 이런 기능 중 기본적인 것이 경제 기능이며, 경제 기능의 시각에서 전체적인 도시기능에 접근하는 것이 일반적이다. 현대의 대도시와 같이 여러 가지 기능이 집중되어 있는 종합도시성격이 강할 경우 기능상 분류가 어려울 수 있다.

(2) 중심지 기능

중심지기능은 도시지리학자 크리스탈러(W. Christaller)의 중심지이론에 의해 구체화된 것이며, 도시가 주변지역에 대하여 중심점으로서 기능을 하고 있음을 확인하는 것이다. 중심지의 주요 기능은 그것을 둘러싸고 있는 보완지역에 재화와 서비스를 제공하는 데 있고, 이 중심지 기능을 갖고 있는 도시는 고차(高次)의 중심도시로부터 저차의 중심도시까지 여러 계층으로 구분된다.

(3) 기반기능과 비 기반기능

기반기능은 도시가 도시 외부에 재화와 서비스를 제공하여 도시의 외부에서 소득을 가져오는 경제활동을 의미하며, 반대로 비 기반기능은 도시주민의 필요를 충족시키기 위하여 재화와 서비스가 그 도시 자체 내에서 소비되어 외부로부터 소득을 가져오지 않는 경제활동이다.

2) 도시의 내부구조

(1) 도시의 기능적 분화

도시의 내부지역은 여러 기능이 혼재하여 입지하지만, 이런 기능이 각각 질서 있는 배열 상태를 띠고 분화되는 구조를 갖는다. 도시 내부의 기능 지역 분화는 지가, 접근도, 지대의 차이에 의하여 영향을 받는다. 도시 지역 내에서 일반적으로 지가 및 지대는 도심에 가까울수록 높게 나타나고, 도심에서 멀어질수록 낮아진다. 도시 내부에서 높은 지가의 압력에도 불구하고 상업, 업무, 오락 등의 접근성을 강하게 요구하는 기능은 도심 지역으로 모이는 집심현상을 보이지만, 지가 압력이 약한 주거, 교육, 공업 기능은 도심에서 벗어나고자 하는 이심현상이 나타난다.

미국 중부의 도시는 가장 전형적인 기능적 구조가 나타났고, 도시의 변화가 평탄한 지형에서 과거의 전통에 얽매이지 않고 자본의 효율을 직접으로 반영할 수 있었기 때문이다. 따라서 중심부는 비싼 지가에 적합한 고층건물이 형성되고, 비교적 좁은 면적의 토지에서 최대 수입을 올릴 수 있는 사업, 특히 중심부에 입지할 필요성이 있는 중요한 업종이 집중한다. 다시 말해 기본적으로 도시의 행정이나 금융을 뒷받침하는 관공서, 기업, 은행 등의 본점으로 구성된 중앙업무지구와 고급상품을 취급하는 도심 쇼핑타운이 분포한다. 또한 중심부에 접하여 도매지구, 창고나 교통터미널 등 도시기능을 뒷받침하는 시설이 들어서고 인쇄나 식품가공 등 경공업이 입지하여 상공업지대가 형성된다. 다음에 노동자 주택지대가 연속되고, 그 바깥쪽에는 녹지가 많아 부지가 넓은 중·상류의 아파트 및 개인주택지구가 형성된다.

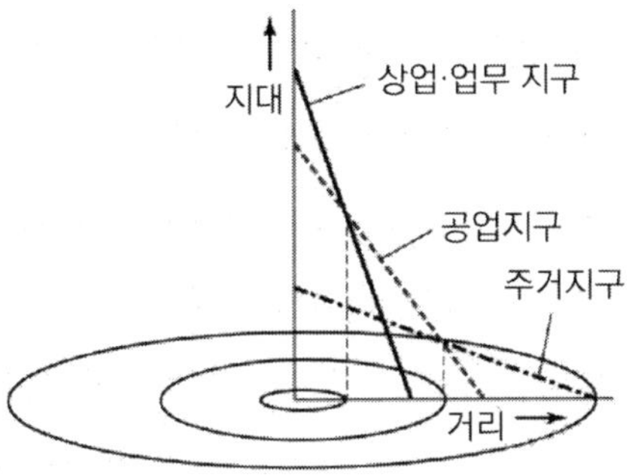

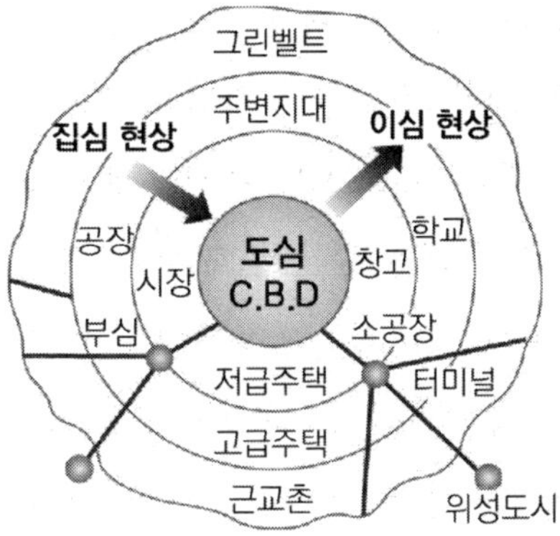

출처: NAVER 지식백과

그림 1-1 ▌도시 내부구조 지대곡선(좌) 와 지역분화(우)

이상과 같은 도시의 내부구조는 미국 시카고와 같은 전형적인 도시를 중심으로 도시지리학자에 의해 연구가 이루어졌다. 과거의 도시이론은 버제스(E. Burgess)의 동심원 구조설(同心圓構造說)과 이것을 수정한 호이트(H. Hoyt)의 선형이론(扇形理論), 해리스(C. D. Harris)와 울만(E. L. Ullman)의 다핵심이론(多核心理論) 등이 알려져 있다. 그러나 오늘날의 도시구조는 단순히 토지의 경제적 이용에 관한 수급관계에 의해 정해지는 것이 아니라, 도시계획이나 공공시설 등 물적기반, 지형이나 지표 기복, 물, 식생과 토양 등의 자연기반, 지역사회의 성격이나 제도와 법령에 의한 지시에 의해서 복합적으로 이해되고 있다.

(2) 도시화

도시화(Urbanization)는 인구가 도시로 집중되는 과정이자 도시적 생활양식으로의 변화이다. 도시화는 국가적 시각에서 총인구 중에 도시지역에 집중되는 인구의 비율이 증가되는 과정을 의미한다. 도시화 초기 단계인 농업사회는 도시화 비율이 매우 낮지만, 가속화 단계는 도시화 혹은 공업화되면서 상업적, 공업적 기능이 도시로 몰려 도시화가 급진전된다. 마지막 종착단계는 도시가 너무 비대해져 도시에서 다른 도시로 인구나 기능이 분산되고, 도시의 공간개발이 균형적으로 이루어진다. 이러한 도시화의 단계는 S자형의 도시화 곡선으로 나타난다.

도시화는 농촌은 도시로, 도시는 더욱 더 큰 도시로 변모하는 어버니즘(Urbanism)을 지향한다. 어버니즘은 L. 워스(Louis Wirth)에 의해 최초로 제시되었고, 사회에서 도시 특유의 생활양식이 발전, 확대되어 가는 과정이다. 어버니즘은 도시성(都市性) 혹은 도시주의(都市主義)로 번역되었고, 도시적 퍼스낼리티를 형성한다. 과도한 도시화는 인구의 자연도태, 혈연과 지연적 유대의 약화, 사회적 연대의 전통적 기반의 붕괴, 매스미디어나 대량생산에 의한 인격의 평준화와 몰개성화 등 사회적 문제를 가져왔다.

(3) 도심과 도심쇠퇴

① 도심의 개념과 도심지역의 구조

도심(Urban Center)은 도시의 사회적, 경제적 활동이 집중되어 있는 공간이며, 도심지, 중앙업무지구, 중심구역, 중심시가지 등 다양하게 표현된다. 도심지(Downtown)는 외곽의 주거지역(Uptown)에 대한 상대적인 의미이며, 도시중심가에 상업이 특화된 지역이다. 중앙업무지구(CBD, Central Business District)는 상품과 서비스의 판매활동, 다양한 업무활동을 통하여 사적인 이익을 추구하는 행위가 집약적으로 이루어지는 지역이며 미국의 대도시에 출발된 용어이다. 중심구역(Central Area)은 역사가 오래된 유럽 영국에서 주로 사용되고 있고, 중심업무기능이 발견되는 지역뿐 아니라 공업 및 주거지역까지 포함해 구획하는 것이 일반적이다. 중심시가지는 일본의 중심시가지 관련 법률에 의한 시가지에 상당수의 소매상업과 도시기능이 집적되어 기초자치단체 시·정·촌(市町村)의 중심역할을 하는 시가지를 의미한다. 도심은 중앙업무지구와 같이 도심의 기능이 집적된 곳을 일컫는 기능적 개념과 중심구역, 중심시가지과 같이 집적된 도시활동 결과로 형성된 중심지를 뜻하는 공간적 개념을 포함한다. 도심은 도시의 어떤 지역보다 경제활동이 집중되어 지대가 최고인 지역이다.

도시는 공간적으로 중앙업무지구, 내부시가지(Inner Area), 외부시가지(Outer Area), 교외(Suburb)로 구분할 수 있고, 일반적으로 시가지는 교외를 제외한 중앙업무지구, 내부시가지 및 외부시가지로 제한한다. 중앙업무지구와 내부시가지를 포함한 도심지역은 도심핵심부(Core)와 도심주변부(Frame)로 구분한다. 도심핵심부는 상업과 업무기능이 집적되어 도시의 최고중심지 역할을 하고, 도심주변부는 도심중핵부와 인접하고, 주거·상업·공업기능이 혼재된 점이지대(Transition Area)이다. 도심핵심부는 중심상업기능이 집적된 가장 높은 수준의 고밀도 토지이용이 이루어지고, 도심주변부는 도심핵심부와 같이 중요한 역할을 수행했으나 도시가 쇠퇴함에 따라 상주인구가 감소하고 건축의 노후화가 진행된다.

② **도심쇠퇴**

도심은 서구 유럽과 미국 대도시의 경우, 도보통행과 교통수단의 집중에 의하여 형성되었고, 도시활동이 집중되고, 지가도 비싸며, 경제활동도 거의 전 범위에 걸쳐 이루어졌다. 그러나 자동차시대의 도래에 따라 도심기능이 교외로 분산되기 시작하였고, 도심은 인구밀도가 감소하고 보행자 편의성이 약화되었고, 경제활동이 감소되는 현상이 나타났다. 1960년대 이후 유럽과 미국의 여러 도시는 도심쇠퇴의 문제를 겪었다. 도시의 외연적인 확장으로 인해 외부시가지가 발전하면서 중앙업무지구와 내부시가지 등 도심은 쇠퇴한다. 도심 내 상주인구의 점진적으로 감소하고, 보다 쾌적한 주거환경을 찾아 중산층이 외곽으로 이전함에 따라 기존 시가지는 빈곤층이나 비숙련 노동자 중심으로 변모하고, 이로 인해 사회적 병폐나 슬럼화가 나타난다. 도심지역의 인구 감소와 외곽지역의 상업활동이 증가하는 현상은 상반됨으로, 도심 내 전통산업이나 서비스업을 퇴조시키고 고용기회를 감소시키며, 경제 및 산업기반을 상실시킨다. 부가적으로 행정, 교육 및 기업 등 업무기능도 유출된다.

02 도시의 패러다임

도시는 인간이 만든 변화하는 공간이다. 도시는 항상 변화하며, 변화해야 만 살아 남고 번성하며 경쟁력을 지닐 수 있게 된다. 그러나 현대도시는 여러 종류의 계층이나 직업을 가진 사람이 밀집하여 과대도시를 형성함으로써 여러 문제를 발생시키고 있다. 도시는 정치, 경제, 사회, 문화의 중심지로서 근대국가의 발전과 부강의 원동력이 되어 왔으나, 한편으로 주택이나 교통문제, 도시공해, 환경오염 등과 같은 많은 문제를 수반한다. 도시문제는 도시민의 생활의 악화를 더 가져오게 되므로 도시이미지에 좋지 않은 영향을 미치게 되며, 지속가능한 도시개발 혹은 도시재생의 중요성을 의미 있게 만들고 있다.

1) 현대 도시의 패러다임

패러다임(Paradigm)은 '어떤 한 시대 사람들의 견해나 사고를 근본적으로 규정하고 있는 테두리로서의 인식의 체계 혹은 사물에 대한 이론적인 틀이나 개념의 집합체'로 정의되므로, 도시발달의 패러다임은 '특정 시대의 도시계획이나 개발이 추구해야 할 인식, 이론, 관습, 관념 등이 결합된 총체적인 틀 혹은 개념의 집합체'라고 바꾸어 생각할 수 있다. 패러다임이 생성, 변화, 발전과 쇠퇴를 반복하는 것과 같이, 현대 도시에서도 과거와 다른 도시 패러다임이 등장하였다.

(1) 도시개발

도시개발은 도시변화의 수요에 대응하여 도시발전을 도모하기 위한 일련의 의도적 행위이다. 대한국토도시계획학회(2002)는 도시개발을 협의적 의미에서 물리적 측면에서의 신개발, 재개발과 같은 도시공간개발로, 광의적 의미에서 도시성장을 관리하고 도시발전을 도모하기 위한 경제, 사회 등 모든 개발행위의 총체로 정의하였다. 도시개발에서 새로운 패러다임이 필요한 것은 현대사회에서 도시공간과 내부구조가 급속한 속도로 변화하였고, 자연환경 훼손 심화를 비롯하여 도시내부환경 악화, 주거공간 및 건축물 부조화 등으로 요약되는 도시환경의 획일화, 중심시가지가 노후해지고 문화적 다양성을 상실함에 따라 도심쇠퇴가 가속화하고 있고, 일부 도시는 본연의 기능을 상실하였기 때문이다. 삶의 질 향상에 대한 욕구가 증대되고 있을 뿐 아니라 세계화, 정보화 및 고령사회 속에서 도시 간 경쟁은 심화되고, 지속가능한 개발(Sustainable Development)이 강조되고 있다.

우리나라의 경우, 1960년대 후반부터 사회적 균형뿐 아니라 환경이라는 문제가 출현하여 전통적 접근법이 개념상의 약점을 내포하고 있다고 하는 시각이 제기되었다. 경제성장을 넘어 사회적으로 중요한 목표, 빈곤의 감소, 삶의 질 향상, 보다 나은 교육 및 건강으로서의 기회증진을 포괄하는 방향성이 출현하였다. 1980년대와 1990년대 들어, 패러다임은 인간과 자연과의 공생을 전제로 한 개발을 지향하고 있다. 도시거주자가 진정으로 살고 싶은 도시를 만들 수 있는 방향이 필요하다. 근대, 현재, 미래의 도시개발 패러다임의 변화는 아래와 같다.

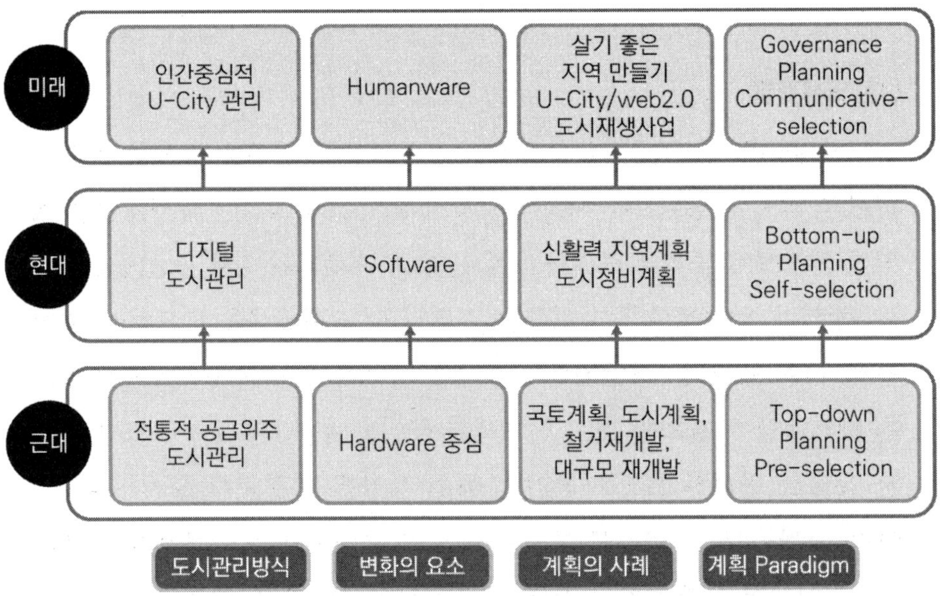

출처: 한국도시지리학회 (2008).「살고싶은도시」정책관련 선진국의 법령 및 제도 조사·분석 연구, 21.

그림 1-2 ▌근대, 현재 그리고 미래의 도시개발 패러다임의 변화

(2) 지속가능한 도시개발

도시문제에 대한 사회적 인식이 높아지면서 도시성장을 보다 합리적, 계획적으로 관리하기 위한 정책이 출현했고, 지속가능한 도시개발은 기존 도시계획의 문제점과 한계를 극복하고 새로운 방향성을 제시하기 위한 것이다. 지속가능한 개발의 의미는 1987년 UN의 환경과 개발에 관한 세계위원회(WCED, Brundtland Commission)에서 출판한 '우리 모두의 미래(Our Common Future)'의 언급이고, '현 세대들이 미래 세대들의 생활에 필요한 기본욕구를 충족시킬 수 있는 능력을 희생시키지 않으면서 자신의 기본욕구를 충족시키는 개발'로 정의되고 있다. 지속 가능한 개발은 환경보호, 미래를 위한 배려, 삶의 질, 공평성이라는 4가지 가치를 묶은 개념이며, 핵심을 이루는 공통요소로 환경의 가치(The Value of Environment), 미래지향성(Futurity), 형평성(Equity)의 3가지 요소로 집약되었다. 도시의 지속가능한 개발은 현재와 미래의 모든 세대의 욕구를 증진시키는 변화의 과정으로 인식하는 도시개발이다.

(3) 도시재생

선진국의 경우 1960년대에 도시성장의 한계와 환경문제에 대한 논의가 시작되어 재개발과 기존 시가지정비를 골자로 하는 도시재생에 관심이 시작되었다. 1990년대부터 지속 가능한 도시개발의 관점에서 도심을 재생하여 도시부흥(Urban Renaissance)을 도모하기 위한 정책적 전환이 이루어짐과 동시에 도시성장관리 측면에서 도심지역을 재활성화하기 위한 정책이 추진되었다. 도시재생은 대도시지역의 외부확산을 억제하고, 도심지역 쇠퇴현상을 방지함으로써 도심지역에서의 인구와 산업의 회귀를 촉진하고 재활성화를 모색하기 위해 등장한 것이다. 도심재생은 공간적으로 도심지역에 한정해 활성화를 목적으로 하지만, 도시재생은 도시 전체 관리차원에서 도심지역 활성화를 도모한다. 즉 쇠퇴지역의 문제를 종합적인 시각에서 해결하려는 접근이면서 해당지역의 경제, 사회, 환경적 상태를 지속적으로 개선함으로써 기존 시가지 재활성화를 실현하고자 한다. 도시재생은 기존 시가지의 문제를 도시내부에서 종합적인 방식을 통해 해결하려는 것으로 영국을 중심으로 발전된 개념이다.

2) 도시 패러다임의 모형 사례

지속가능한 개발을 위한 새로운 도시패러다임의 대표적인 사례는 미국의 컴팩트시티(Compact City), 뉴어버니즘(New Urbanism), 스마트성장(Smart Growth), 영국의 어번빌리지(Urban Village), 이탈리아의 슬로시티(Slow City), 일본의 마찌즈쿠리를 들 수 있다.

(1) 컴팩트시티

컴팩트시티는 1970년대 미국 MIT 산업공학자 단찌그(George Dantzig)와 사티(Thomas L. Saaty) 두 사람이 제시한 개념적인 가상도시이다. 개념은 직경 2.66㎞의 8층 건물에 인구 25만 명을 수용하면 이동거리도 짧고 에너지소비를 최소화할 수 있다는 이론에서 출발하였다. 교통과 도시밀도의 관계를 중심으로 이론을 전개하고 전통적인 도보도시를 특징으로 하여 높은 인구밀도와 집적을 수반한 도시에서 공간과 토지이용의 고도화를 주장하였다. 이것은 평면적인 건축환경 확산을 억제하고, 고밀도개발을 통하여 활동에 필요한 건축환경을 확보하는 동시에 공공공간과 오픈스페이스를 확보하는 목적이었다. 정보통신체계를 구축하여 물리적 교통을 전자·정보적으로 대체하기에 적절하였고, 도보나 자전거이용을 활성화시켜 도시의 에너지 소비량을 감소시키고자 설계되었다. 컴팩트시티는 버스나 지하철 같은 대중교통을 연계 개발하여 경제절약과 토지이용의 효율성, 대중교통 이용을 활성화시키는 것을 예로 들었다.

(2) 스마트성장

스마트성장은 스마트한 방법, 즉 환경을 파괴하지 않고 경제성장을 지속하면서 상호협력을 통한 의사결정방식에 의해 성장을 수용하는 개발개념이다. 미국은 1980년대 말부터 교외화와 무질서한 난개발과 같은 문제에 대처하기 위해 스마트성장이란 용어를 사용하였고, 1990년대 후반부터 도시계획과 개발의 패러다임으로 자리 잡았다. 스마트성장의 도입은 개인교통수단인 승용차와 고속도로를 중심으로 한 개발패턴으로 평가될 수 있는 과거의 계획기법을 통해서는 미국의 도시환경을 개선하는 것이 불가능하게 되었다는 사실을 반증하였다. 스마트성장의 개념과 원칙은 지속가능한 발전을 위한 도시설계의 가이드라인으로 준용되었을 뿐 아니라 기후변화 억제, 환경정의 실현, 자원절약, 토지재활용 등 다양한 분야에서 지속가능한 커뮤니티 조성을 위한 도구로 활용되었다.

(3) 뉴어버니즘

뉴어버니즘은 자동차 중심의 도로체계에 의한 환경훼손과 도심쇠퇴, 전통적 도시성(Urbanity)의 상실에 대한 비판적 사고에서 출발하였고, 미국의 도시가 자동차 중심의 사회로 전환되기 전인 제2차 대전 이전 도시개발패턴으로 환원되어야 한다는 계획, 설계원리이다. 이것은 1991년 건축가와 도시설계가들이 발표한 아와니(Ahwahnee) 원칙에서 확인할 수 있다. 거주성이 높은 지역사회를 조성하여 교통체계와 토지이용, 환경을 연계 통합하고 주민참여에 의한 도시계획을 추구한다. 주요 원리는 효율적이며 친환경적인 보행도로 조성, 차도와 보행공간 연결성 확보, 복합적이고 다양한 토지이용, 다양한 기능과 형태의 주거단지 조성, 건축물과 도시설계 질적 향상, 지역공동체를 위한 거점 마련, 효율을 고려한 토지이용 밀도의 조정, 친근한 보행 공간 설계 및 보행공간간의 네트워크 형성, 생태계를 고려한 지속가능성 고려 및 삶의 질의 향상을 도모할 수 있다. 이것은 통행량을 감소시킴으로써 자동차 의존도와 토지자원의 무절제한 소비를 줄이고 지역주민의 공동체 의식을 제고하는데 기여할 수 있다.

표 1-1 ▌새로운 도시개발 패러다임의 개념과 방향

구분	국가(년도)	특성
컴팩트시티	미국 (1970년대)	• 평면적인 건조 환경의 확산 억제 • 고밀도 개발을 통한 공공고간과 오픈스페이스의 확보 • 대중교통이용과 이와 토지이용의 연계를 통한 효율성 증진 • 압축도시 개발을 통한 도시 에너지 소비량 절감
스마트성장	미국 (1980년대 말)	• 무분별한 교외화로 인한 토지손실 및 환경문제에 대응 • 고밀도 복합용도 개발과 보행지향적 개발 • 도시성장을 규제·유도·관리하려는 광역적 접근 • 물리적 개발을 다루는 광역적 토지이용 시스템 구축
뉴어버니즘	미국 (1980년대 말)	• 무분별한 교외화로 인한 토지손실과 공동체의식 상실 지적 • 지속가능한 개발 및 생태도시 구현이 목표 • 공간계획을 위한 물리적 개발 지침
어번빌리지	영국 (1980년대 후반)	• 지역특성과 환경이 무시된 획일적으로 단조로운 도시 지양 • 공적 공간을 중시한 소생활권 형성 기법 • 도시공간의 물리적 요소에 적용 가능한 디자인 개념 • 보행친화적이고 고밀·복합적 토지이용
슬로시티 운동	이탈리아 (1998)	• 급격한 변화와 글로벌 표준화에 대한 저항 • 인간생활리듬을 존중하는 삶의 질 향상과 여유로운 생활 추구 • 주민의 자발적인 주도로 삶의 질을 향상시키려는 사고방식 • 자연, 음식, 문화, 전통적 방식의 보호 및 발전 • 지역의 특성에 따라 융통적인 적용이 가능한 활동 시스템
마찌즈쿠리	일본 (1980년대)	• 지방 정체성 및 가치 재발견에 대한 요구에서 출발 • 주민 관점에서 기획되는 물리적·사회적 지역환경 정비 운동 • 애향심을 고취하고 생활의 활력 제공 • 신토불이의 슬로푸드(Slow Food)와 슬로라이프(Slow Life) 체험 • 슬로타운과의 연계로 변화와 발전 도모

출처: 이삼수 (2006). 도시패러다임 변화의 의의. 도시정보, 295, 6.

(4) 어번빌리지

어번빌리지는 사람들이 서로 사회적 교류가 가능한 하나의 커뮤니티를 형성할 수 있을 규모로 작지만 일상생활에 필요한 시설을 유치할 정도의 규모가 확보되는 정주공간을 의미한다. 1980년대 황태자 시절, 영국 국왕 찰스3세에 의해 제창되었고, 주요 개념은 지속적인 사회교류를 통한 공동체 중심의 사회구현, 근린생활시설의 도보권역 내 배치, 오픈스페이스 확보를 포함하였다. 옛 보수당 정부의 시티챌린지(City Challenge)와 토니 블레어 정부가 어번 르네상스(Urban Renaissance)라고 한 도시재생사업을 추진하였고, 이름대로 도시에 마을과 같은 스케일과 친밀함을 회복하고자 한 것이다. 기본적으로 자동차를 이용하지 않고 모든 볼일을 볼 수 있고, 다양한 계층 사람이 함께 거주하면서, 다양한 용도의 시설이 혼재한 커뮤니티를 형성하는 것을 전제로 하여 지속가능한 환경 실현을 지향하였다.

(5) 슬로시티

슬로시티운동은 공해가 없는 자연에서 생산되는 음식을 먹고, 지역문화를 공유하며 다시 예전 환경으로 돌아가 인간다운 삶을 되찾자는 국제운동이다. 배경은 슬로푸드운동이 시발점이며, 빠른 음식(Fast Food)의 대명사 맥도날드에 반발하여 이탈리아에서 전개되기 시작한 느린 음식문화 운동(Slow Food Movement)이 느린 도시 가꾸기 운동의 계기가 되었다. 슬로시티 운동은 바쁜 도시생활의 상대 개념이지만, 현대사회의 문명을 거부하며 과거로 돌아가자는 이념이 아닌 지속가능한 발전을 목표로 지역주민을 중심으로 전통을 보전하고 생태주의적으로 삶의 질을 향상시키자는 것이다. 걷기와 자전거 이용하기, 소음제거, 보행자구역 확대 등 시민생활의 속도를 늦추는데 목표를 두었고, 여유 공간과 시간을 확대하고자 하는데 초점을 두었다. 이탈리아어로 치따 렌타(Citta Lenta)

나 치따슬로(Cittaslow)라고 불리며 1999년 국제슬로시티 운동이 출범한 이래 32개국 283개 도시로 확대되었다.

(6) 마찌즈쿠리

마찌즈쿠리(まちづくり)는 마을 만들기란 의미로서 まちづくり(마찌즈쿠리)라는 단어는 마을(町) 혹은 가로(街)를 의미하는 まち(마찌)와 무언가를 만들어낸다(造·作·創)라는 의미를 지닌 つくり(즈쿠리)로 구성되어 있다. まち는 마을이나 가로에 해당하는 유형의 것뿐 아니라 마을의 역사, 문화, 자연, 경관 등 인문자연환경 그리고 마을에 살고 있는 사람과 그 사람의 일상생활까지 포함하고, つくり는 시설물을 만들거나 공원을 조성하는 단순한 행위뿐 아니라 まち를 대상으로 무언가를 창조한다는 광의의 의미를 갖는다. 형성 배경은 일본의 도시화, 산업화 과정에서 나타난 주민생활의 문제점을 보완하는 절차에서 나왔고, 이촌향도의 가속화가 되면서 이농은 도시과밀을 불러왔고, 주거, 교통, 소음, 쓰레기, 대기오염, 범죄 등 문제를 발생시켰다. 이로 인해 고도성장 위주의 경제정책에 경종을 울리고 대안으로 균형과 안정성장의 개발을 도모하고자 한 것이다. 마찌즈쿠리의 경우, 민(지역 주민), 관(행정), 학(전문가)라는 3가지의 주체로 구성되어 추진되는 것이 기본개념이며, 지역 활성화를 위해서이 3가지 주체 중 하나도 예외가 되어서는 안 된다는데 있다. 주민이 참여해 주도해나가는 상향식 추진이 선행하고, 이 과정에서 행정부문과 전문가가 행정적 지원과 전문지식을 제공하여 마찌즈쿠리가 잘 진행되도록 하였다.

3) 도시 패러다임의 특징과 적용

(1) 도시의 패러다임 특징

도시패러다임의 특징은 최대식·강명수(2006)에 의하면, 지역커뮤니티를 중심으로 하는 행동지침, 상향식 접근방법과 실천의 중요성 강조, 문화와 자연을 통한 여유로운 삶의 추구 등으로 요약되었다.

① 지역커뮤니티를 중심으로 하는 행동지침

현대사회에서 도시의 지속가능한 개발과 삶의 질에 대한 요구가 증가되면서 이를 개선시키고자 하는 새로운 도시 패러다임이 제시되었다. 컴팩트시티, 스마트성장, 뉴어버니즘, 어번빌리지와 같이 도시문제 발생 원인을 기존 토지이용과 개발에서 찾아 공간에 대한 새로운 물리적 개발과 정비지침을 제시한 유형이 있고, 슬로시티와 마찌즈쿠리와 같이 자연환경과 생활환경의 질적 저하에 대해 환경과 인간을 배려하는 활동에 대한 직접적인 지침을 주거나 프로그램을 제시하는 유형이 있다.

② 상향식 접근법과 실천의 중요성 강조

새로운 도시의 패러다임은 모두가 삶을 질을 위한 여러 가지 수단을 제시한 것이며, 지역에 맞는 다양한 활동이 질 높은 삶으로 이어지게 하기 위해서는 주민의 자발적인 시도와 참여가 중요하고, 주민의 주도적 참여가 지속성을 가질 때 풍요로운 삶의 구현이 가능함을 강조한 것이다. 스마트성장, 슬로시티, 마찌즈쿠리는 자발적인 주민참여를 유도하고, 지역 활동으로 이어질 때 삶의 질 향상이 구현될 수 있다.

③ 문화와 자연을 통한 여유로운 삶을 추구

어번빌리지, 슬로시티, 마찌즈쿠리 등은 지역의 문화와 역사성을 존중하고 있다. 마찌즈쿠리가 지역 주민이 직접 마을을 가꾸어 주민들이 원하는 상태로 나아가는 변화의 의미에서 출발하여 지역적 적용에 따라 다양한 부문, 다양한 실천방식을 포괄하고 있는 반면, 어번빌리지와 슬로시티는 지역 고유의 문화, 자연조건을 기본적으로 중시하면서 지역에 대한 종합적 접근으로 발전하는 형태를 나타내고 있다.

(2) 한국의 도시개발 패러다임 변화

우리나라는 1960년대 이후 고도경제성장기에 진입하면서 빠른 산업화와 도시화과정을 겪었고 이촌향도가 두드러졌다. 도시정책이나 계획, 도시개발은 모두 단기에 급증하는 인구를 효과적으로 수용하기 위한 방안을 마련하는데 급급하였다. 단기간에 도시기반 시설을 공급하는데 상대적으로 유리한 신도시, 신시가지, 신산업단지의 조성 등 신개발이 도시개발의 중심을 이루었다. 우리나라의 도시개발은 도시가 성장·변화함에 따라 새롭게 요구되는 도시공간을 창출, 공급하는 행태가 강하고, 도시 외곽지역에서 비도시적인 용도의 토지를 도시용 토지로 전환하였다. 수도권의 과밀문제를 해소하거나 도시공해를 발생시킨 공장 이전을 위한 목적에서 신도시를 건설하였다.

도시개발과 관련한 사회와 경제적인 여건이 급변하였고, 세계화추세의 급속한 진전과 지방자치 시대의 분권화, 지속가능한 개발방식에 대한 새로운 인식의 확대와 환경영향평가 중시, 정보화시대로의 진입, 대도시 기존 시가지의 주거환경개선 및 도시경쟁력 향상을 위한 도시재생의 확산, 고령시대의 새로운 수요와 대안이 나타났다. 과거 도시개발을 지배한 효율성, 신속성 그리고 양적 성장의 논리의 패러다임은 21세기의 새로운 도시패러다임으로의 전환이 불가피하며, 지속 불가능한 도시를 지속가능한 도시로 재창조해야 한다는 논의가 전개되고 있다.

(3) 새로운 도시개발의 방향과 적용

우리나라의 도시개발 및 관리는 주로 도시기본계획과 관리계획에 의한 용도지역의 지정, 도시계획시설 계획에 의한 집행에 의해 성장위주 정책으로 이루어져 왔다. 그러나 외국 선진도시의 경우, 과거의 도시개발정책에 대한 반성과 함께 새로운 패러다임으로 전환되었다. 특히 과거의 대도시 주변의 신도시 건설에서 도심회귀를 위한 도시재생으로 도시개발 방향이 전환되고 있음을 확인할 수 있다.

새로운 도시개발의 방향성은 먼저, 신도시 건설은 평면적이고 외연적 확산이 아닌 지속가능한 도시발전을 위하여 컴팩트하고 친환경적인 개발이 우선시 되어야 한다. 또한 기존 시가지 정비사업(도시재생)에 있어서도 기존의 단순한 주거기능의 환경개선의 차원을 넘어 주거 이외의 다양한 복합용도 도시재생이 필요하고, 세입자를 포함한 기존 거주자의 커뮤니티가 유지될 수 있는 개발이 중심이 되어야 한다.

지속가능한 도시개발은 도시의 지속적인 발전을 도모함과 동시에 친환경적이며 친인간적인 도시를 구현하는 것이다. 이런 이념을 구현하기 위해서 기존의 물리적인 개발방식 뿐만 아니라 지역커뮤니티와 환경·에너지 시각에서 지속가능성을 부여하여야 한다. 예를 들어, 친환경도시, 에너지 절약형 도시, 정보화 도시, 여유로운 도시(Slow City), 살기 좋은 도시 만들기 등의 지속가능한 개발의 이념과 원리를 적용한 다양한 도시개발 모델의 적용이 필요하다. 이를 위해서는 지역주민, 민간기업, 지자체 혹은 중앙정부 간의 파트너십과 지역주민의 적극적인 참여에 의한 지역 거버넌스 구축이 필요하다.

03 세계화와 세계도시

도시의 변화 물결은 세계화와 관련되어 있다. 이런 교류와 환경에서 새로운 도시형태가 생겼고, 일반적으로 세계도시라고 불리고 있다. 세계도시(World City)는 새로운 것이 결코 아니다. 과거 영국 런던이나 프랑스 파리와 같이 도시규모가 크고 국가의 경제활동의 중심지 역할을 하며, 무역활동을 통해 식민지를 지배, 통제한 도시들을 세계도시라고 할 수 있다. 21세기 들어 교통수단발달, 인터넷과 정보혁신, 자유경쟁적 경제체제 등으로 세계화가 촉진되었고, 새로운 사회와 환경에서 세계도시와 관련된 개념과 특성을 파악해 보았다.

1) 세계화

(1) 세계화의 개념 이해

21세기는 탈산업사회, 포스트모더니즘, 정보화사회, 세계화, 개방화, 분권화, 지방화 등 다양한 개념이 존재하는 사회이며, 이중에서도 세계화는 도시 간 계층화를 촉진시켰고, 도시기능과 역할의 변화를 가져왔다. 세계화(Globalization)는 사전적으로 '정치, 경제, 문화 등 사회의 여러 분야에서 국가 간 교류가 증대하여 개인과 사회집단이 갈수록 하나의 세계 안에서 삶을 영위해 가는 과정'으로 정의된다(한국민족문화대백과). 세계화 개념을 좀 더 상세히 살펴보면, '경제체계의 재구조화, 정보통신, 과학기술의 혁신 등으로 인하여 물자, 사람, 정보 등의 국경 및 이념의 경계를 초월하여 자유로운 이동이 가능해지고, 이를 통해 각 부문이 기능적인 상호의존체계를 형성해 나감에 따라 정치, 경제, 문화 등 사회를 구성하는 다양한 부문들이 시대적 상황에 대응하여 새로운 모습으로 변화하는 과정'이다.

세계화는 각 국가경제의 세계경제로의 통합을 의미한다. 세계화는 국가 및 지역 간에 존재하는 상품, 서비스, 자본, 노동, 정보 등에 대한 인위적 장벽이 제거되어 세계가 일종의 거대한 단일시장으로 통합되어 나가는 추세를 말하며, 세계화란 상품, 서비스, 자본 등의 국제적 이동을 촉진시키는 생산, 금융, 정보 등의 새로운 거대한 조직이라고 할 수 있다.

(2) 세계화의 배경과 유형

① 세계화의 배경

세계화를 촉진시킨 배경은 신자유주의 사상 대두, 첨단 정보통신기술 발달, 세계무역기구(WTO) 체제의 출범, 사회주의국가의 경제개혁 및 대외개방 등이다.

첫째, 복지국가추구에 따른 정부실패를 극복하기 위해 등장한 신자유주 사상의 부각이다. 세계는 복지국가추구에 따라 정부가 경제에 적극 개입해 경제의 효율성과 형평성을 오히려 약화시키는 정부실패를 가져왔다. 복지제도를 감축하고, 자유시장 경제를 활성화시키는 신자유주의 사상이 등장하게 되었다.

둘째, 첨단 정보통신기술 발달이다. 과학기술발달로 교통과 정보통신기술이 혁신적으로 발전함에 따라 지구공간을 좁히는 결과를 가져왔다.

셋째, 세계무역기구체제 출범이다. 세계무역기구는 상품교역에 대한 관세장벽과 비관세장벽 등 무역장벽철폐 혹은 완화를 요구한다. 서비스교역에서 내국민대우와 최혜국대우를 부여하여 상품과 서비스교역의 장애가 되는 경제적 의미 국경이 퇴색하였다.

넷째, 이데올로기퇴조에 따른 새로운 교류이다. 소련붕괴 이후의 러시아와 동구권국가, 중국 등 과거 사회주의국가의 경제개혁과 개방움직임과 관련되어 있다.

② 세계화의 영향

세계화는 세계경제와 인류에 큰 이익을 가져온다. 긍정적 영향은 첫째, 효율의 극대화, 둘째, 자원배분의 합리화, 셋째, 규모의 경제이익 초래, 넷째, 자유무역 이익의 실현을 들 수 있다. 세계화는 국가 간, 지역 간, 기업 간, 계층 간의 활발한 경쟁을 통해 효율의 극대화를 가져온다. 그리고 활발한 경쟁과 비교우위를 통해 자본과 노동 등과 같은 생산자원의 최적배분을 초래시키는 역할을 한다. 세계화는 세계시장의 단일적 통합과 시장광역화를 통해 규모의 경제이익을 발생시키고 무역장벽을 완화하여 자유무역이익을 가져다준다.

또한 세계화의 부정적 영향도 조명되고 있는 것이 현실이다. 부정적 영향은 첫째, 세계경제에 대한 일부선진국의 패권지배, 둘째, 국가주권 침해, 셋째, 자주적 경제정책 제약, 넷째, 경제주체의 대외의존도 심화, 다섯째, 비교열위산업 퇴출, 여섯째, 국가 및 계층 간 소득의 양극화 확대를 들 수 있다. 세계화는 자본수출과 경쟁력 우위를 통해 세계경제에 대한 일부 선진국의 패권적 지배를 강화하고, 세계화에 매몰된 일부 국가주권이 침해를 받을 수 있다. 세계화는 상품, 서비스, 자본 등의 국제거래를 통해 각 경제주체의 대외의존도를 심화시키고, 치열한 국제경쟁에 따라 각국의 비교열위산업을 퇴출시킬 수 있다. 세계화는 국가 간, 계층 간 소득의 양극화를 확대시켜 불평등을 부각시킬 수 있다.

③ 세계화의 유형

세계화는 경제와 문화, 정치 등 다방면에서 전개되고 있고, 국가, 국경, 국적의 의미도 약화되고 있다.

▪ 경제적 세계화

경제적 세계화는 다국적기업 활동에 의해 국경을 초월한 기업 활동이 이루어지고, 새로운 국제적 분업현상이 심화되어 세계경제가 기능적으로 통합되는 경향이다. 자본 자체를 기본단위로 하는 세계경제가 출현하여 세계경제를 구성하는 다양한 단위들이 통합되고 초국가적 기업이 확대되고 있다. 경제적 세계화는 개별 국가들이 상품과 서비스, 금융 등 관련시장을 통합해 거대한 하나의 시장을 형성하여 전 세계의 국가들이 통합된 체계 속에 귀속되는 일련의 과정이라고 할 수 있다.

▪ 문화적 세계화

전 세계에 다양하고 이질적인 문화가 공존하고, 전 세계의 모든 문화가 다양성을 인정받고 서로 소통하면서 영향을 주고받고 있다. 문화적 세계화는 첫째, 방송이나 인터넷 등 문화상품의 세계적 네트워크를 통해 형성된 산업발전에 토대를 둔 문화소비를 통한 세계화, 둘째, 지역성과 특수성을 중심으로 이질적인 문화를 형성함으로써 발생하는 서로 상이한 문화권 간 갈등과 변화를 두 축으로 하여 진행된다. 이런 세계화는 표준화된 상표와 글로벌스포츠 문화의 확산에서 찾아볼 수 있다.

▪ 정치적 세계화

정치적 세계화는 국가단위를 넘어 국가 간 협력과 조정을 유도해 낼 수 있는 정치적 조직체 출현을 의미한다. 과거 국가주도의 세계질서가 정립되어 있었지만, 현재는 세계적 연합기구, 지역적 연합체, 지방정부, 기업, 국제적 연계망을 가진 비정부기관 등 행위주체들이 다양하게 분화되어 역할을 하고 있다. 국내정치와 국제정치의 구분이 사라지고, 민간기업이나 국제기구 역할도 중요하다.

(3) 세계화의 유사개념

① 세계화와 세계통합주의

세계화와 세계주의(Globalism)를 혼용하는 경향이 있으나, 두 단어는 근본적으로 상반된 관점에서 출발하였다. 세계주의(Globalism)는 세계 모든 나라의 국민들이 하나로 뭉쳐 일체감을 가지고 조화 속에서 생존해 가기를 바라는 관념이다. 세계주의는 '우주선 지구호' 라고 하는 표현과 같이, 1970년대 이후 지구공동체의식의 세계적 확대를 배경으로 부각되었고, UN이 세계평화를 위해 창설된 것은 이러한 세계주의에 입각하고 있는 것이다. 환경주의자들이 하나뿐인 지구 보전이라는 이념 하에서 지구공동(Global Common)의 이념을 표방한 것도 세계주의에 바탕을 두고 있다. 세계화는 현실적 관념을 취하며, 세계주의는 이상적 관념을 갖고 있다.

② 세계화와 국제화

국제화((Internationalization)는 사전적으로 '한 나라가 경제, 환경, 정치, 문화적으로 다른 여러 나라와 교류하는 것'을 의미한다(두산백과). 국제화는 국가와 국가, 그리고 국가 내 기업과 기업 혹은 개인과 개인 간 양자적 관계로 형성되고, 이런 관계의 활성화를 통해 문호개방, 정책, 제도, 사고방식이 변화하는 과정이라고 할 수 있다. 세계화가 '세계를 마치 하나의 지구촌처럼 국경을 초월하는 것'이라면, 국제화는 '다른 나라의 국경과 고유성을 인정하면서 이루어지는 나라 간의 교류'를 뜻하므로 의미가 다르다. 세계화와 국제화 간 기본적 차이는 경제적 의미에서 국경, 국가의 경제주권, 시장(상품, 서비스, 금융)의 개방정도에서 나타난다. 국제화시대에서 경제적 의미의 국경이 존속하고 국가의 경제주권을 보장 받았으나, 세계화시대는 경제적 의미의 국경은 소멸되고, 국가의 경제주권을 보장받기 어렵게 되었다.

③ 세계화와 지역화 및 지방화

오늘날 세계화 현상과 함께 두드러진 특징은 지역(블록)화의 가속화와 지방화 추세이다. 지역화는 '일정한 지역에 위치한 국가들이 초국가적인 결속을 통하여 상품, 자본, 노동, 서비스가 자유롭게 이동하는 단일시장 경제를 추구하는 시도나 노력'을 뜻한다. 유럽연합(EU), 신북미자유무역협정(USMCA), 아세안(ASEAN) 등 지역블록은 가속화되고 있고, 경제분야 지역블록화는 매우 빠르게 진행되었다.

지방의 고유성과 독자성이 강조되면서 지방(지역)이 부상하는 지방화 현상이 부각되었다. 지방화(Localization)는 세계화에 대응하는 개념이며, 지방이 정치, 경제, 사회의 새로운 주체로 등장하는 현상이다. 지방자치 발전에 따라 중앙정부 권한이 지방자치단체로 이관되고 주민의사에 따라 업무가 처리되는 것을 의미한다. 다시 말해, 지역 주민을 위한 정치, 경제, 사회, 문화적 영역에서의 공공서비스가 지방정부 주로로 실현되는 정치 및 행정적 과정이라고 할 수 있다. 중앙과 지방 간 상호관계 재정립 및 권한의 재분배가 논의되고 있는 실정이다. 또한 한 나라의 지방도시가 국가를 거치지 않고 다른 나라의 지방도시와 직접 교섭을 하는 일이 잦아지고 있어 '도시국가'란 표현도 등장했다. 이런 흐름은 세계가 기존의 국가 중심의 교류체계로부터 복합적 상호의존 및 교류체계로 옮겨가고 있음을 보여주고 있다.

2) 세계도시

(1) 세계도시 개념

① 세계도시의 등장과 개념

세계도시란 용어는 우리나라에서 1990년대 들어 본격적으로 사용되기 시작되었으나, 오래 전 독일의 괴테가 만든 벨트쉬타트(Weltstadt)에서 유래되었다. 괴테는 1787년 이탈리아 로마에서 이 단어를 처음 사용하였고, 로마나 파리 두 도시의 웅장함과 높은 문화수준을 토대로 세계도시란 명칭을 부여했다. Hall(1966)은 세계도시를 단순히 대규모 도시를 지칭하는 것이 아니라 정치권력, 국가 및 국제정부의 의석수, 관련전문기관의 집중, 무역연합, 피고용인, 기업재단 등 기능이 결집된 지역을 의미한다고 하였고, 런던, 파리, 모스크바, 뉴욕, 도쿄 등을 주요 사례로 제시하였다. 도시규모보다 도시가 수행하는 기능과 역할을 함께 강조한 것이 중요하다.

피긴과 스미스(Feagin & Smith, 1978)는 "세계도시를 다국적 기업에 의한 신국제분업의 상황에서 다국적기업의 세계적 네트워크가 물리적으로 자리 잡고 있는 장소이자 자본주의 세계경제를 하나로 묶는 구심점 역할을 하고 있는 도시"라고 하였다. 프리드만(J. Friedmann)은 국가 계층설(1986)에서 금융중심지, 다국적기업의 본사 소재지, 국제기구, 사업서비스 부문의 급속한 성장, 주요 제조업의 중심지, 중요한 교통결절점, 인구규모 등 7개 도시의 지표를 선정하여 도시체계를 중심부(Core) 국가와 반주변부(Semi-periphery) 국가별로 1차와 2차 세계도시로 나누었다. GaWC(Globalization and World Cities, Research Groupand Network)의 세계도시 분류는 도시의 생산자 서비스업의 발달 수준에 의한 세계도시성 점수를 기준으로 등급별 세계도시를 선정한 바 있다.

세계도시의 개념은 국경을 초월한 다국적기업에 의한 활동과 밀접하게 관련이 있고, 점차 다국적기업이 활동하는데 필요한 제반 기능과 공간적 입지성이 중요하게 작용하고 있음을 보여주고 있다. 세계도시의 특징은 다음과 같다.

첫째, 자본의 초국가적 이동을 통해, 자본의 집중이 이루어지는 특정지역이며, 금융의 세계화, 기업의 초국적화, 다국적기업 집적 등의 특징을 갖는다.

둘째, 과학과 정보기술 발달로 정보와 서비스 중심의 도시로 재구성된다.

셋째, 상품생산에 있어서 기술집약과 지식집약화에 따라 전문화된 생산자서비스, 기업의 본사, 금융서비스, 회계, 광고, R&D, 법률 등 기능을 수행하면서 주변에 대한 통제 및 영향력을 갖는다.

넷째, 초국적기업 및 고급생산자 서비스 활동에 종사하는 엘리트 계층의 등장과 이들을 위한 고비용 고품질의 서비스를 제공하는 비공식적 직업 등장에 의해 사회의 양극화 현상이 두드러진다.

다섯째, 다수의 이민 노동자 유입되어 비공식적 직업군이 확대되고 다양한 민족, 계층, 문화 특성이 융합되고 있다.

여섯째, 각종 기업의 고급생산서비스 활동이 이루어지고, 신산업인구 및 첨단산업이 입지함에 따라 이런 활동을 지원하기 위한 건축과 관련 인프라 시설이 집적되고 있다.

② 세계도시의 개념 재정립

세계도시는 첫째, 금융, 경제 및 생산주체, 자본 등과 같은 생산자서비스 관련 자원을 중요하게 고려하고 있고, 둘째, 과학과 기술의 발달로 인하여 고차산업 및 집약화가 가속되고 이런 과정에서 글로벌 인재 육성 및 이에 대한 가치를 중요하게 다루고 있고, 셋째, 세계 경제활동을 수행하는 주체, 다국적기업, 글로벌 은행, 증권거래소 등 입지 및 경제적 영향력을 중요하게 고려하고 있다.

세계도시는 경제적 측면을 중요하게 고려하였다. 과연 현재에 세계도시라고 불리는 도시들이 경제적 측면만이 강조되고 있는 도시들인가? 괴테가 '세계도시' 라는 용어를 처음 다루었던 때는 유럽의 세계도시를 다룬 시기에 지나지 않았고, 21세기 현재 세계도시의 개념은 다양한 영역을 포용하였다.

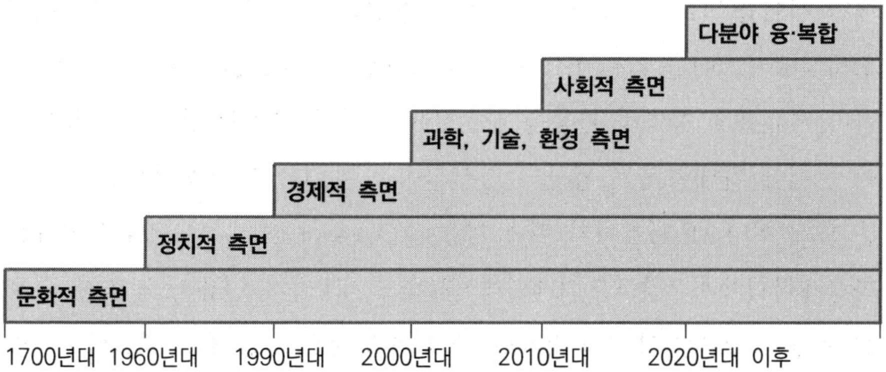

출처: 최조순 외 (2014). 세계 도시의 이해. 한국학술정보, 83.

그림 1-3 ▌세계도시의 주요 영역 패러다임 변화

세계도시의 개념은 시대의 발달에 따라 최근에 가까울수록 다양한 매력을 갖추게 된다. 세계도시 개념을 경제적 지표 혹은 정치적 중요성 영역에 국한되어 판단을 하는 것에서 탈피하여 도시의 창조(Creativity), 문화(Culture), 환경(Environment), 정의(Justice), 국제성(Internationality), 안전(Safety) 등 사회의 주요 가치를 포괄하는 매력을 고르게 갖추고 있고, 다국적기업과 글로벌 인재, 노동자들이 선호하는 가치들이 풍부하여 세계의 긍정적 변화를 선호하여 가는 도시로 규정하고 있다.

(2) 세계도시의 유형

① 창조도시

창조도시(Creative City)는 농경도시, 산업도시, 후기산업도시, 지식정보도시를 잇는 새로운 도시 패러다임으로 1990년대 후반 영국과 UN을 중심으로 문화산업, 도시 및 지역경제 정책 분야에서 창조경제를 중심으로 논의되었다. 국내외에서 창조경제, 창조계층, 창조산업 등 용어가 부각되면서 어느덧 '창조도시' 라는 용어도 도시의 패러다임 전략으로 자리매김하였다.

창조도시라는 용어를 최초 사용한 사람은 미국의 여성 도시경제학자 제인 제이콥스(Jane Jacobs)이며, 탈 대량생산 시대에 유연하고 혁신적인 도시경제시스템을 갖춘 도시를 창조도시로 주장하였다. 창조도시는 '인간이 자유롭게 창조적 활동을 함으로써 문화와 산업의 창조성이 풍부하여 동시에 탈대량적인 생산의 혁신적이고 유연한 도시경제시스템을 갖춘 도시'이다. 도시계획가 찰스 렌드리(Charles Landry)는 1994년 국제문화경제학회에서 '창조도시'를 제안하였고, 21세기 인류가 직면한 글로벌 환경과 국지적인 지역과제에 대해 창조적으로 문제를 해결할 수 있는 '창조의 장'이 풍부한 도시라고 할 수 있다.

유네스코(UNESCO)는 2004년 창조도시 네트워크(UNESCO Creative Cities

Network)를 만들었고, 문화발전의 핵심요소 '창의성'에 주목하며 각 도시의 문화적 자산과 창의력에 기초한 문화산업육성과 도시 간 비경쟁적 협력과 발전경험 공유를 통해 회원국 도시들의 경제적, 사회적, 문화적 발전 장려 등을 목적으로 하는 '유네스코 창조도시'를 선정하였다. 선정 분야는 총 7개 기준, 문학(Literature), 영화(Cinema), 음악(Music), 공예와 민속 예술(Craft and Folk Art), 디자인(Design), 미디어아트(Media Arts), 음식(Gastronomy) 등이다. 우리나라는 공예와 민속예술 이천(2010), 진주(2019), 김해(2021), 디자인 서울(2010), 음식 전주(2012) 영화 부산(2014), 문학 부천(2017), 원주(2019), 미디어아트 분야 광주(2014), 음악분야 통영(2015)과 대구(2017)가 지정되어 있다.

표 1-2 ▌창조도시의 구분 유형

구분	특징	사례
도시재생형 창조도시	창조적인 아이디어를 통해 쇠퇴해가는 도시를 살려낸 도시	- 독일 루르(Ruhrgebiet) 엠셔파크개발프로잭트 - 영국 헤이온와이(Hay on Wye) 헌책방마을 - 일본 시코쿠 구라사키(倉敷) 아이비스퀘어
문화친화형 창조도시	타 도시에 비해 교유 전통문화를 소유하고 있으며, 무형 자원을 전승하는 과정에 있는 도시	- 일본 이시카와현(石川県) 가나자와(金沢) - 한국 전주, 강릉
예술친화형 창조도시	미술과 건축, 예술과 공간융합을 시도한 것으로 예술적 가치를 공간이나 건축물에 접목해 새로운 개념의 도시를 창조함	- 스페인 바르셀로나 - 오스트리아 빈 - 한국 파주 헤이리
자연친화형 창조도시	자연을 테마로 하거나 지속가능한 도시의 모습을 창조하는 도시	- 일본 오사카 남바시티

출처: 최조순 외 (2014). 세계도시의 이해. 한국학술정보, 94-96.

창조도시는 창의적 아이디어를 통해 새롭게 만들어지는 도시이며, 시민들의 창조력을 마음껏 실현할 수 있는 도시공간과 환경을 구축하여 창조적인 인재가 모여살고 싶은 지속가능한 매력적인 도시를 의미한다. 여러 가지 기준에 따라 유형화가 가능하며, 도시재생형, 문화친화형, 예술친화형, 자연친화형 창조도시로도 구분되고 있다.

② 문화도시

문화도시는 단지 문화를 향유하는데 머물지 않고 낙후된 도시환경에 변화를 가져오게 하고 이런 변화를 통해 도시경제에 활력을 불어넣어 도시의 전반적인 회복을 가져오는 도시재생의 대순환(Circulation System of Urban Regenararation)을 의미한다. 문화도시는 '문화적 자산이 풍부하고, 도시구성원이 문화를 풍요롭게 향유하고, 궁극적으로는 문화 인프라를 토대로 하여 도시경쟁력이 향상된 도시'를 의미한다. 이 용어가 최초 사용된 것은 1985년 6월 EU회의에서 그리스 문화부장관 멜리나 메리쿠리(Melina Mericuri)가 유럽 내 도시의 문화유산을 보호하고 발전시켜 유럽인의 문화적 가치에 대한 통합적 관심을 유도하기 위하여 문화도시를 제창한 것이다. 그녀는 "유럽인을 좀 더 친숙하게 가깝게 하자"는 취지로 유럽의 문화도시(European City of Culture)를 제안하였고, 그리스 아테네(1985)를 최초 문화도시로 선정한 이래, 암스테르담(1987), 서베를린(1988), 파리(1989) 등이 선정되었다. 1990년부터는 기존 문화 중심적인 도시가 아닌 영국의 글래스고(Glasgow)를 선정하여 쇠퇴한 도시를 부흥시키고자 하는 도시재생과 도시마케팅 개념을 적용한 문화도시 사례가 되었다. 현재 EU가맹국의 도시 중 유럽문화수도(European Capital of Culture)를 선정하여 1년 동안 집중적으로 각종 문화행사를 전개하고 있다.

③ 환경도시

환경도시(Environment City)는 1992년 브라질 리우데자네이루에서 지구환경보전 문제를 협의하기 위해 개최된 리우회의 이후, 전 세계적으로 개발과 환경보전을 조화시키기 위해 환경적으로 건전하고 지속가능한 개발이라는 전제하에, 도시의 환경문제를 해결하고 환경보전과 개발을 조화시키기 위한 방안으로서 도시개발과 계획에서 새롭게 도입된 개념이다. 환경도시는 아스팔트보다 흙이 많은 도시, 자전거와 도보 중심의 도시, 나무와 숲이 풍부한 도시, 에너지와 자원소비가 적어 신진대사가 원활하여 오염이 없는 도시 등으로 이미지화 되고, 지속가능한 개발을 추구하면서 환경오염 통제(Pollution Control), 자연과의 공생(Nature Conservation), 쾌적성 개선(Amenity Improvement), 주민참여(Citizen Participation) 등을 목표로 한다. 환경도시는 생태도시, 지속가능한 도시, 환경공생도시 등으로 혼용되고 있으나, 청정한 환경을 유지하면서 지속적으로 발전할 수 있어 쇠퇴하지 않는 도시라고 할 수 있다.

④ 정의도시

마이클 샌델(Michael Sandel)의 「정의란 무엇인가(Justice)」를 통해 알게 된 정의에 대한 개념은 '정의도시' 라고 개념을 익숙하게 하였다. 정의와 권리에 대한 관심이 높아진 것은 선진국과 후진국을 막론하고 전 세계적으로 같은 상황이며, 그 배경은 복잡하지만, 경제성장과 경쟁만을 강조하는 신자유주의적 이념과 정책이 세계적으로 득세하는 것에 대한 불신의 표현이라고 할 수 있다. 정의도시의 배경은 1990년대부터 우리나라도 민주화진전과 지방자치단체실시 및 거버넌스(Governance) 변화로 국가 전체적인 경제성장 못지않게 개인의 자유, 평등, 권리 및 삶의 질을 중요 가치로 인식하게 된 것에서 출발한다. 정의(Justice)의 어원은 고대 로마신화에 등장하는 정의의 여신 유스타치아(Justitia)로부터 시작되었고, 'just' 란 단어는 올바른(정의)이라는 의미 이외에 공정한(형평성)이라는 의미를 지니고 있다. 정의는 '무엇이 옳고, 무엇이 옳지 않은지를 결정하고, 옳은 것을 바로 세우다'는 의미를 지닌다. 정의도시는 여러 가지 개념이 혼재된 채 사용되고 있고, 명확하게 사전적으로 정의할 수는 없지만, 인권도시, 평화도시, 공동체도시, 여성친화도시 등을 포괄하고 있는 것으로 해석된다.

▪ 인권도시

인권도시는 '전 세계적으로 인권침해에 맞선 지역적 인권실천단위로서 지역인권당사자들의 참여를 통해 그 도시에 고유한 인권가치와 규범을 창출하며, 글로벌시대의 도시문제로 인해 발생하는 권리침해에 특별하게 대응하는 도시'이다. 세계적으로 인권문제에 앞장서고 있는 도시로 스페인 바르셀로나, 캐나다 몬트리올이 있다.

▪ 공동체도시

공동체도시는 우리 사회의 공동체 복원을 위해 가장 중요한 사람과 사람, 마을과 마을, 도시와 도시 간의 관계를 맺는 공간적 의미를 띠며, '자율과 자치를 통해 사람 간 신뢰를 회복하고 상호부조를 이루고, 도시의 전형적인 의존생활에서 벗어나 자립적인 생활터전을 만들어가며 소비와 생산을 이루어가는 도시'이다. 사라지는 이웃, 공동체, 마을과 같은 사회적 관계를 도시인의 삶에서 되찾아 가고자 하는 인식의 전환이다.

▪ 평화도시

평화도시는 평화를 최고 목표로 설정하고 도시방향을 추진하는 도시이다. 평화는 '전쟁이나 갈등이 없는 상태'를 의미하는 협의의 개념이 아니라, 인권, 평등, 민주적 참여, 관용 및 연대, 열린 소통, 국제안보 등을 기반으로 하는 물질적 복지까지 포함한 광의의 개념이다. 세계적으로 알려져 있는 평화도시는 평화와 관련된 주요 국제회의나 기구가 위치해 있다.

■ **여성친화도시**

여성친화도시는 사회참여에 따른 여성 활동이 도시공간에서 제약받고 있다는 것과 도시경쟁력 향상을 위해 여성의 역할과 사회활동을 지원해줄 수 있는 도시 조성이 필요하다는 것에서 출발한다. 여성친화도시는 '지역정책과 발전과정에서 남성과 여성이 동등하게 참여하고, 그 혜택이 모든 주민에게 고르게 돌아가면서 여성의 성장과 안전이 구현되는 도시'라고 할 수 있다.

⑤ **국제도시**

1990년을 전후하여 이데올로기 대립에 이한 냉전시대가 막을 내리고, 국제정세가 개편됨에 따라 전 세계가 하나의 지구촌으로 연결되었거나 국가 간 장벽도 낮아졌다. 21세기에 국가를 초월한 도시 간 경쟁이 두드러지고 있고, 지구촌 대도시들은 국제화와 세계화를 통해 도시 발전의 미래를 추구하고 있다. 국제도시는 국제화된 도시를 뜻하므로, 궁극적으로 '글로벌 기업을 유치하고 주민의 삶의 질을 높이기 위해 제반 경제활동의 규제를 최소화하여 인적, 물적 그리고 자본이동의 자유와 기업 활동에 대한 최대한의 편의를 보장하는 공간'이다. 국제도시는 특성에 따라 국제자유도시, 국제회의도시, 국제산업물류도시 등으로 구분할 수 있다. 특히 국제산업물류도시는 세계 경제의 블록화와 글로벌화로 인해 지역 간 화물의 대량유통이 유발되면서 지속적으로 발전하고 있다.

싱가포르(Singapore)

⑥ 안전도시

안전(Safety)은 '위험이 생기거나 사고가 날 염려가 없음, 혹은 그런 상태'를 의미하는 포괄적인 개념이다. 안전증진(Safety Promotion)의 기본 개념은 지역사회와 지역사회 내 각 개인이 안전의 개념을 이해하고 어떤 수단이 안전을 위해 필요한지 인식하는 것이다. 안전도시 구현을 위한 노력은 1989년 9월 스웨덴 스톡홀름에서 세계보건기구(WHO) 주최로 열린 제1차 사고와 손상예방 세계학술대회(World Conference on Accident and Injury Prevention)에서 공식으로 제기되었다. 세계보건기구는 안전도시(Safe Community)를 '지역사회가 이미 안전하다는 의미가 아니라, 시민의 안전의식 제고를 위해 항상 노력을 취하는 도시'로 정의하였다. 공인기관은 국제안전도시 공인센터(ISCCC)이며, 스웨덴 스톡홀름 소재 국제 비정부기구이다.

▪ 국제안전도시의 공인조건

- 지역공동체의 안전증진에 책임이 있는 각계각층의 상호협력기반 마련
- 남녀 및 전 연령·환경·상황에 대한 장기적으로 지속적인 프로그램 운영
- 고위험 연령·환경·계층의 안전증진을 목적으로 하는 프로그램 운영
- 손상 빈도와 원인을 파악할 수 있는 프로그램(손상감시시스템 구축) 운영
- 손상예방 및 안전증진을 위한 프로그램의 효과평가 척도 마련
- 국내외 안전도시 네트워크에 지속적인 참여

세계 최초는 스웨덴 동남부의 린셰핑(Linköping, 1989)이며, 아시아 최초는 수원시(2002)이다. 전 세계적으로 40개국 430여개 도시(지역)가 국제안전도시로 공인받았고, 국내 공인도시는 수원(2002), 제주특별자치도(2007),

서울 송파구(2008), 원주(2009), 천안(2009), 서울 강북구(2013), 과천(2013), 삼척(2014), 창원(2014), 부산광역시(2014), 광주광역시(2015), 구미(2017), 아산(2018), 세종특별자치시(2018), 순천(2018), 울산광역시 남구(2018), 광주((2018), 전주(2018), 평택(2019), 공주(2020), 대구 수성구(2020), 김해(2020), 동해(2020), 안산(2021), 당진(2022), 시흥(2022), 예산군(2022), 서울 강서구(2022) 등이다.

CHAPTER 03

도시브랜드의 공간적 이해

01 도시마케팅

1) 마케팅과 도시마케팅

21세기는 국가경쟁시대가 아닌 도시경쟁시대이기도 하며, 도시(City)나 장소 혹은 지역(Place)을 마케팅(Marketing) 한다는 개념이 등장하였다. '도시를 마케팅한다.'는 말은 낯설지 않게 들리고 있다.

(1) 마케팅의 개념

현대사회에서 우리가 당면해 있는 환경은 마케팅에서 시작하여 마케팅으로 끝난다고 할 정도로 마케팅이란 용어는 우리의 삶에 익숙해 있다. 마케팅의 어원을 생각해보면 Market +∼ing 이므로, 시장은 생산자와 소비자 그리고 자본이 모여 있는 곳이며 그곳(시장)에서 돈이 잘 흐르게 하는 시장작동의 원활화라는 개념으로 정리할 수 있다.

미국마케팅학회(AMA)에서는 마케팅을 "특정 장소와 연관된 상품이나 서비스에 대해 긍정적인 태도를 갖게 만들어 주는 일련의 활동"으로 정의하였고, 시대 변화에 따라 "마케팅은 조직적인 기능이며, 조직과 이해관계자에게 혜택을 주는 방법으로 고객에게 가치를 창조하고, 커뮤니케이션하고, 전달하는 일련의 과정과 고객관계를 관리하는 조직의 기능을 포함한 과정이다."라고 확대하여 고객관계 구축과 가치 창조의 중요성을 부각시켰다. 마케팅을 단순한 의미에서 '제품을 잘 사고파는 행위'와 같이 목표 달성에 초점을 맞춘 결과지향적 관점으로 보는 시각도 있으나, 마케팅을 소비자를 잘 이해하여 상품이나 서비스가 그들의 요구를 적절히 만족시킴으로써 자발적으로 구매가 가능하게 만드는 것을 포함하는 광의적 의미로 주로 해석되고 있다. 현대사회의 마케팅은 상품을 고객에게 이전하는 촉진활동인 단순한 판매라는 개념과 달리 생산된 상품의 판매이전단계에서부터 판매 후에 이르기까지 고객의 가치창조를 통한 수익을 발생시키기 위하여 경영활동을 계획하고 실행하는 일련의 지속적인 과정이라고 할 수 있다.

(2) 도시마케팅의 등장

도시마케팅(City Marketing)은 장소마케팅(Place marketing)과 구분되지만 혼용되어 사용된다. 현대사회에서는 도시마케팅과 관계가 적지 않은 장소마케팅, 공간마케팅, 지역마케팅, 농촌마케팅, 문화마케팅, 관광마케팅, 이미지마케팅, 그린마케팅 등 다양한 용어와 개념이 존재한다. 도시마케팅이 본격적으로 등장한 시기는 1970~80년대이며, 서구공업도시들이 도시의 경기침체를 극복하고 범죄가 성행하는 위험도시 이미지를 개선하기 위한 목적으로 시작되었다. 서구선진국은 예전부터 도시마케팅을 활용해 그들의 소득수준을 향상시켰고, 1975년 미국 뉴욕시가 수억 달러의 적자로 경제위기에 봉착하면서 도시이미지 쇄신과 경기부흥정책으로 관광객을 끌어들인 마케팅전략을 도입한 것이 시초로 생각되고 있다. 유럽의 공업도시들도 하나같이 도시마케팅을 도시생존수단으로 적용하기 시작했다. 예를 들어, 서유럽의 이탈리아 베니스와 프랑스 깐느(영화예술의 도시) 및 독일의 프랑크푸르트(전시도시)와 같이, 서구의 선진도시들은 해당 도시의 성장잠재요소를 브랜드화 하여 고부가가치를 생산했다. 아시아의 경우 1979년 일본 규슈 오이타현(大分縣)의 일촌일품(一村一品) 운동을 도시마케팅의 효시로 보고 있다.

우리나라에 도시마케팅 전략이 도입된 것은 지방지치제가 시작된 1990년대 중반부터이다. 이때부터 중앙집권이 아닌 지방분권화를 위해 지방도시 간 도시행정보다 도시경영으로의 개념 변화가 일어났고 이런 변화에 맞추어 각 도시는 도시경쟁력을 갖추기 위해 도시 간 경쟁 속에서 국내외에서 성공한 도시마케팅 기법을 벤치마킹하여 자신들만의 차별적이고 고유한 도시마케팅 전략수립에 노력하였다.

(3) 마케팅 수단의 4P 믹스와 4C 믹스

마케팅은 생산자가 상품 또는 서비스를 소비자에게 유통시키는 데 관련된 모든 체계적 경영활동을 의미한다. 일반적으로 마케팅 전략은 4P's Mix 라고 하며, 4P는 상품전략(Product), 가격(Price), 유통전략(Place), 그리고 판매촉진 전략(Promotion)으로 P로 시작하는 영문 앞 글자 4가지를 말한다. 4P 상품 전략은 제품의 공급자 입장에서 접근하는 가장 적절한 방법이지만, 수요자 입장에서 접근한 4C 개념(Schultz)도 확인할 수 있다. 4C는 4P의 상품을 소비자가치(Customer Value)로, 가격을 소비자비용(Cost to the Customer)으로, 유통을 편리성(Convenience)으로, 판매촉진을 의사소통(Communication)으로 바꾸었고, 아래와 같이 방향성을 확인할 수 있다.

첫째, 소비자가치, 어떤 상품(Product)을 개발하고 홍보해야 하는가의 문제에서 소비자가 원하고 필요로 하는 것(Customer Value)이 무엇인가?

둘째, 소비자비용, 어떤 상품의 적정 가격(Price)을 얼마로 책정해야 하는가에서 소비자가 지불하고자 하는 적정가격(Cost)은 얼마인가?

셋째, 편리성, 마케팅을 위해 적합한 유통(판매) 경로(Place)를 찾는 것에서 소비자가 접근하기 위한 편리한 방법(Convenience)은 무엇인가?

넷째, 의사소통, 소비자에 대한 일방적인 판매촉진(Promotion) 전략을 찾는 것에서 탈피하여 소비자와 함께 의사소통을 할 수 있는 쌍방향 의사소통방법(Communication)은 무엇인가?와 같은 각각 사고의 전환을 가져왔다.

표 1-3 ▌마케팅믹스 4Ps와 4Cs의 비교

4 Ps → 4 Cs	내용
상품(Product) ▼ 소비자(Customer Value)	• 어떤 상품(Product)을 개발하고 홍보해야 하는가 ‣ 소비자가 원하고 필요로 하는 것(Customer Value)은 무엇인가?
가격(Price) ▼ 비용(Cost to the Customer)	• 상품의 적정 가격(Price)은 얼마로 책정해야 하는가 ‣ 소비자가 지불할 수 있고 지불하고자 하는 적정 가격(Cost)은 얼마인가?
장소(Place) ▼ 편리성(Convenience)	• 마케팅을 위해 적합한 장소(Place)를 찾는 것 ‣ 소비자가 접근하기 편리한 방법(Convenience)은 무엇인가?
홍보(Promotion) ▼ 의사소통(Communication)	• 고객으로 일방적인 홍보(Promotion) 전략을 찾는 것 ‣ 소비자와 함께 의사소통을 할 수 있는 쌍방향 의사소통방법(Communication)은 무엇인가?

출처: 오동훈 (2006). 도시마케팅의 개념정립을 위한 소고. 국토계획, 41(1), 56.

도시마케팅의 제품전략은 개발 대상은 도시 혹은 도시와 결부된 서비스이며, 제품, 즉 도시장소를 4P에 의거하여 어떻게 마케팅 할 것인지 고민하는 것이다. 도시는 차별적 요소로서 **Hardware**(도시계획, 환경, 각종시설)와 다른 차별적 요소로서 **Software**(도시이미지, 문화, 역사성)가 조화를 이루어 자족적이며 경쟁력이 있고 차별적인 도시를 이루어야 하므로, 바람직한 도시마케팅 전략을 위해서는 랜드마크와 같은 상품을 직접 계획하고 만들어 이미지 제고를 가져오는 공급을 통한 수요창출 노력이 필요하다. 따라서 공급자위주의 접근방법 4P 믹스와 수요자 중심적 사고에 의한 4C 믹스가 함께 고려된다.

(4) 도시마케팅과 유사 개념

마케팅은 재화를 다루는 일반마케팅, 부동산이나 토지를 대상으로 하는 부동산마케팅, 도시(지역)를 다루는 도시마케팅 등 전혀 다른 범위와 상품의 차별적인 성격 때문에 동일한 개념에서 접근할 수 없다. 도시마케팅은 도시가 마케팅의 대상으로 인식되기 시작하면서 등장하였고, 도시를 세일즈(Sales)하는 것이다. 엄밀히 말하면, 도시마케팅은 도시를 파는 것이 아니라 도시에 속하는 상품, 사람, 시설 및 서비스의 브랜드가치를 창출하고, 시민(거주자)과 외부방문자(여행자)가 커뮤니케이션하는 활동의 총체를 의미한다. 오동훈(2006)은 도시마케팅을 "도시의 차별화된 분야를 발굴하여 체계적이고 종합적으로 홍보하고 이를 브랜드화 하여 국내외에서 도시 경쟁력과 자산 가치를 높이기 위한 모든 활동으로 도시 자체를 마케팅 주체로 설정해 종합적으로 판매함으로써 도시브랜드 가치를 높여 수익을 높이고 해당 도시민의 삶을 질을 향상시키기 위하여 필요한 경영활동"으로 정의하였다. 한영주·이무용(2001)은 도시마케팅을 "도시를 관리하는 개인이나 조직에 의해 추구되는 일련의 경제·사회적 활동을 함축하는 현상으로, 공적·사적 주체들이 기업가와 관광객뿐 아니라 도시주민에게 매력적인 곳이 되도록 하기 위해 도시이미지를 판매하기 위한 다양한 방식의 노력들"이라고 정의하였다.

도시마케팅, 일반재화마케팅 혹은 부동산마케팅은 방향성에서 차이가 매우 크다. 도시마케팅은 도시에서 제공되는 상품이나 서비스가 이벤트, 관광과 같이 공공적이며 무형적인 특성이 강하기 때문에, 전통적으로 공산품에 적용되고 있는 4P 믹스를 중심으로 하는 전략이 아니라 고객이 관심을 갖는 상품이나 서비스를 개발하고 도시의 긍정적인 이미지를 높이고, 접근성이 좋도록 기반시설을 개선하는 활동에 집중할 수 있다. 일반재화마케팅이나 부동산마케팅은 표적시장전략(Target Marketing)과 같은 일반시장조사기법을 이용해 수요를 조사할 수 있으나, 도시마케팅은 예상수요자뿐 아니라 각 분야의 도시개발 전문가 의견조사가 필수적이고, 수요자와 공급자 그리고 도시개발전문가 등 다양한 측면의 고려사항이 요구되기 때문에 복합적이고 거시적인 특성이 강하다.

표 1-4 ▌일반마케팅, 부동산마케팅, 도시마케팅 특성 비교

구분	일반마케팅	부동산마케팅	도시마케팅
상품의 성격	단일재, 단일성	집합재, 복합성	집합재, 복합성
상품의 유동성	이동성	비이동성	비이동성
상품의 가격	부동산에 비해 저가	고가	공공재로 비교 불가
상품의 수요자	1차 수요자	1,2차 수요자	1,2차 수요자

출처: 오동훈 (2006). 도시마케팅의 개념정립을 위한 소고. 국토계획, 41(1), 57.

2) 도시마케팅의 구성요소와 고려사항

(1) 도시마케팅의 구성요소

① 경쟁시장

도시마케팅의 시장은 도시의 공공서비스를 생산, 공급하는 도시정부와 이것을 소비하는 단위로서 커뮤니케이션하는 도시공간이며, 경쟁시장은 대상 고객을 누구로 하는가에 따라 달라진다. 고객이 주민일 경우

도시에 입주시키는 것이 목표가 되며, 방문객(여행자)일 경우는 도시에 유인하는 것이 목표가 된다. 해당 도시가 아닌 외부 혹은 인접해 있는 도시들이 주요 경쟁시장으로 형성된다.

② 고객

도시마케팅의 핵심 대상 고객은 투자기업, 방문객(여행자) 및 시민(주민)이며, 도시정부는 경쟁시장에서 다양한 고객을 만나고, 경쟁시장 가운데 그들의 강점과 기회를 파악하여 표적시장을 결정한다.

③ 상품

도시마케팅은 도시나 도시 내부 특정 장소를 상품화하는 것이므로, 일반 재화나 서비스와 다른 특징을 지닌다.

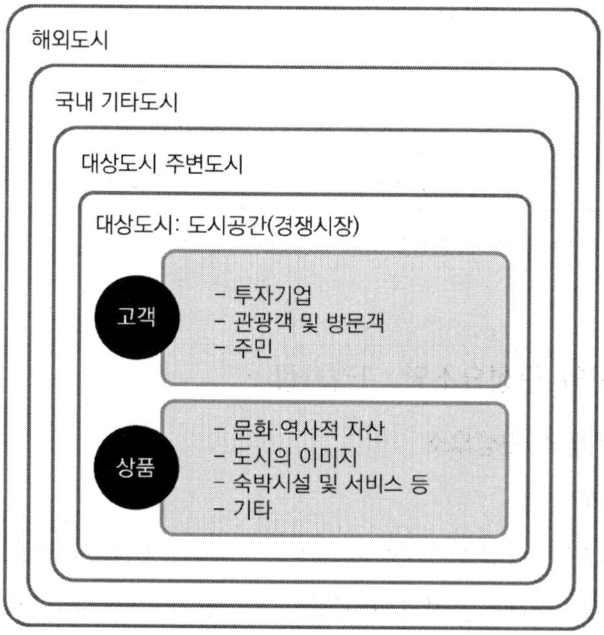

출처: 오동훈 (2006). 도시마케팅의 개념정립을 위한 소고. 국토계획, 41(1), 57.

그림 1-4 ▌도시마케팅 기본 구성요소

첫째, 도시마케팅 상품은 단일재가 아니라 집합적 성격의 상품을 가지는 복합재이다. 예를 들어, 도시를 찾는 여행자를 대상으로 하는 도시마케팅의 경우에 도시에 내재하는 도시이미지, 해당 도시의 역사·문화자산, 숙박시설 및 각종 서비스가 함께 어우러져 상품을 구성한다. 둘째, 도시마케팅 상품은 소비를 통해 즉각적으로 변형되거나 소멸되지 않는 내구재 성격을 갖고 있다. 이로 인해 일반제품과 달리 상품의 생명주기도 뚜렷하지 않아 도시정부에서 상품 자체를 시장에서 그대로 퇴출시키는 것은 불가능하다. 셋째, 도시라는 공간은 이동이 불가능하기 때문에 위치적 유일성을 갖고 있다.

(2) 도시마케팅의 고려사항

도시마케팅은 지리적인 특정장소(도시 혹은 장소)를 하나의 상품으로 인식하도록 이미지를 개발하고, 도시라는 복합재화의 성격을 지닌 상품가치를 지속적으로 높이기 위한 노력이다. 도시의 공적 그리고 사적 주체들이 기업가와 방문객(여행자) 뿐 아니라 도시주민에게도 매력적인 곳이 되기 위한 방향을 갖고, 이런 도시이미지를 판매하기 위해 취하는 다양한 방식의 노력이 올바른 방향성이다.

① 도시자족성

도시자족성(Self-sufficiency)은 '도시에서 이루어지는 주민의 다양한 활동을 외부에 의존함이 없이 도시 자체에서 수용하고 있는 상태'를 말하며, 도시내부에 고용을 위한 충분한 취업기회가 제공될 뿐 아니라 도시생활에 필요한 제반서비스가 도시에서 충분히 제공되고 있는 것이다. 도시의 자족성은 고용, 생활 및 환경자족성 등 3가지로 나눌 수 있다. 첫째, 고용자족성은 취업과 고용과 같은 경제적 자족성을 말하고, 둘째, 생활자족성은 주민을 위한 도시기반이나 생활편의시설의 공급 측면을 의미한다. 셋째, 환경자족성은 공원과 녹지, 맑은 물 등 자연환경 보존과 관리 등 거주환경을 뜻한다.

② 도시경쟁력

도시경쟁력은 '도시의 경제여건을 개선하고 주민의 삶의 질을 지속적으로 향상시켜 개발로 연결시킬 수 있는 능력이 다른 도시에 비하여 비교우위에 있고, 이를 통해 주변 도시와 경쟁하여 기업과 주민, 그리고 방문객(여행자)을 도시 안으로 끌어들일 수 있는 능력'이라고 할 수 있다.

3) 도시마케팅의 자원

도시는 도시마케팅을 생존전략 수단으로서 활용하고 있고, 성공하지 못하면 경기침체와 쇠퇴를 겪을 수밖에 없다. 경쟁력이 있고, 매력을 끄는 도시는 내부역량과 외부환경의 정확한 판단과 그에 따른 차별화 성공 여부에 따라 결정된다, 도시마케팅의 자원은 도시가 본질적으로 보유한 자원뿐 아니라, 도시에 없을 지라도 시장분석을 통해 경쟁력이 있을 것으로 판단되는 잠재자원까지 포함한다. 도시브랜딩(City Branding), 도시의 대표상징물(Landmark), 메가이벤트(Mega Event)와 MICE산업 등 다양하다. 마케팅 실천도구는 어느 하나씩 독립되어 존재하는 것이 아니고 서로 연계되어 상호보완 고리를 형성한다.

(1) 도시브랜딩

도시브랜딩은 기업과 상품의 마케팅에서 활용되는 브랜드를 도시에 적용한 것이며, 도시의 성공을 위해 도시의 긍정적 이미지를 강화하고 차별화와 매력도를 높일 수 있는 효율적인 수단이다. 도시브랜딩은 도시브랜드를 단순하게 로고와 심벌, 마스코트를 개발하고 그것을 통해 효과적으로 커뮤니케이션을 하는 활동이지만, 도시가 가지는 다양한 환경과 기능, 도시의 인프라와 서비스 등에 의해 구별되고 나아가 타 도시와 차별화를 가져온 상태를 포함한다. 브랜딩을 과거와 같이 단순히 시각적 요소로 단정 짓는 것은 잘못된 것이며, 도시브랜딩은 도시의 차별적 이미지를 심벌과 슬로건으로 압축해 도시마케팅전략에 입각하여 지속적, 효율적으로 표적시장화 하는 것이다.

(2) 도시의 대표상징물

도시이미지와 브랜드형성의 핵심수단이 되는 도시의 상징은 매우 중요하다. 도시의 상징물은 도시에 매력적인 공간을 조성하거나 대표적인 상징물을 세움으로써 도시마다 고유한 이미지를 구축해 놓은 것을 의미하며, 건축물, 상징조형물, 거리 조성, 광장, 야간경관, 옥외광고물 등 사례가 있다. 원래 상징물은 '탐험가나 여행가가 특정 지역을 돌아다니던 중에 출발장소로 되돌아 올 수 있도록 표시를 만들어두는 것'을 의미하였다.

오늘날 랜드마크는 건물이나 상징물, 조형물이 어떤 곳을 상징적으로 대표하는 의미로 사용되고 있다. 도시마다 떠오르는 랜드마크가 있고, 무형적 의미에서 도시의 정체성과 자부심을 갖게 하고, 유형적 측면에서 브랜드화 된 이미지를 통해 수입확대와 문화산업 활성화 등 경제효과를 창출할 수 있다. 대표사례로 사자머리에 물고기 몸통을 하고 있는 싱가포르의 상징 머라이언(Merlion), 독일인의 지혜로움과 우직한 특성을 반영한 베를린의 상징물 버디 베어(Buddy Bear)는 큰 효과를 발휘하였다. 미국 뉴욕 리버티 섬의 자유의 여신상(The Statue of Liberty), 파리의 개선문(Triumphal Arch), 로마의 콜로세움(Colosseum) 같은 상징물은 도시 고유 이미지를 뿜어내고 도시를 보는 사람의 마음속에 그 도시를 다시 떠올리는 이미지로 작용하고 있다.

버디 베어(Buddy Baer)

로마 콜로세움

(3) 메가이벤트와 MICE산업

메가이벤트와 MICE산업은 도시마케팅의 효과적 수단이며, 이를 통해 도시의 매력을 압축시켜 특정 기간에 많은 방문객을 할 수 있다. 메가이벤트는 기획과 규모에서 세계적인 공감을 끌어낼 수 있는 박람회나 올림픽, 월드컵과 같이 국제규모의 대형스포츠대회를 포함하고, MICE산업은 관광산업보다 규모가 큰 경제적 파급효과를 가져올 수 있는 글로벌마케팅의 최적수단이다. MICE산업은 양질의 관광객을 유치하고 성수기가 아닌 연간 상시 관광객을 유치할 수 있고, 개최도시 이미지를 제고하고 국가의 관광마케팅에 기여할 뿐 아니라, 국가위상을 드높일 수 있다. 세계 최고의 축제하고 타이틀을 달고 있는 에든버러 축제로 '축제의 도시'로 자리매김한 영국의 에딘버러와 옥토버페스트를 통해 독일맥주를 전 세계에 알리는데 기여한 독일의 뮌헨은 축제이벤트를 통한 도시브랜딩의 성공사례로 꼽힌다. 독일 프랑크푸르트 암 마인에서 매년 10월 5일간 개최되는 세계 최대의 프랑크푸르트도서전(Frankfurt Book Fair)은 세계출판시장을 한눈에 파악하고 예측할 수 있는 출판계 최대이벤트이다.

올림픽　　월드컵　　프랑크푸르트 도서전

옥토버페스트

02 도시브랜드와 개발 사례

1) 도시브랜드의 개념과 구성

(1) 브랜드의 어원과 고객관계

브랜드(Brand)는 '태우다(Burn)'란 의미의 노르웨이 고어 'brandr'에서 유래되었고, 가축 소유자가 자신과 타인의 가축과 구분하고자 가축에게 찍은 낙인을 의미하였다. 이것이 상표(Trade Mark)로 발전하였고, 차별화를 의미하는 브랜드로서 진화하였다. 브랜드는 '기업이 생산하는 상품이나 서비스에 붙여진 이름으로 상품이나 서비스를 경쟁기업의 대상과 구별하기 위해 사용하는 명칭, 용어, 사인, 상징물, 디자인 혹은 이들의 결합상태'로 알려져 있다. 미국마케팅학회(AMA)는 브랜드를 '고객에게 판매자 혹은 판매자 그룹의 상품이나 서비스를 식별해 경쟁업체의 상품이나 서비스와 구별하도록 의도된 명칭, 용어, 기호, 상징물, 디자인 혹은 이것의 조합'로 정의하고 있다.

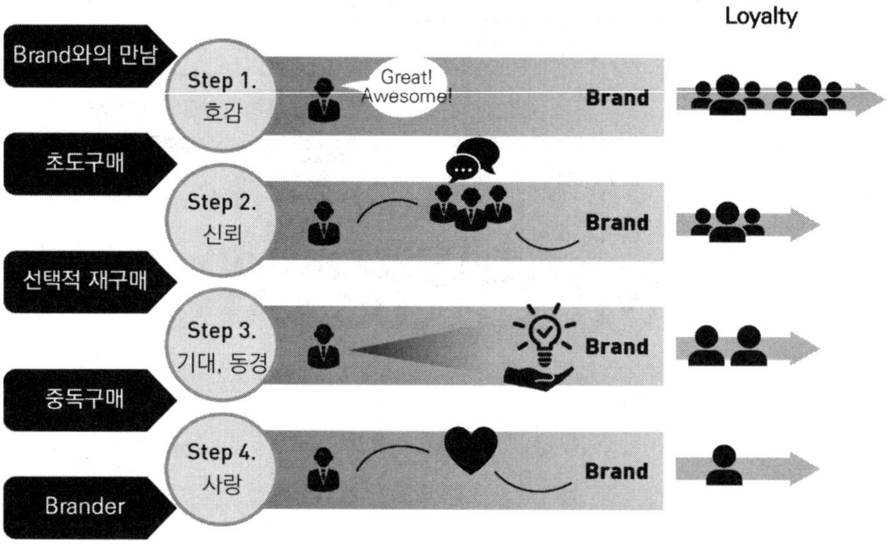

출처: 김영수 (2011). 도시 브랜딩(City Branding) 전략의 개념. 월간 자치발전, 1월호, 51.

그림 1-5 ▌고객과 브랜드의 단계별 관계

브랜드(브랜드로 상징되는 상품, 서비스의 제공 주체)와 고객은 호감, 신뢰, 소망, 사랑의 관계를 갖고 있고, 브랜딩은 이런 관계를 지속적으로 살아 움직이게 하는 상호활동이다. 이런 활동은 여러 단계를 거친다. 먼저, 고객이 브랜드와 처음 만나서 좋아지게 되면 초도구매를 하고 호감을 갖게 된다. 처음에 호감을 갖게 되어 구매한 상품이나 서비스를 경험한 후 만족하면 신뢰단계로 들어간다. 브랜드를 신뢰하면 고객의 선택적 재 구매 옵션에 들어가게 되어 재 구매를 한다. 신뢰단계를 넘어서면 해당 브랜드에 기대, 동경, 숭배의 단계인 중독구매의 단계, 마니아가 되는 단계로 들어간다. 브랜드와 고객관계는 시간경과에 따라 적절한 대안 브랜드가 출현하거나 신 트렌드에 맞는 브랜드를 구매할 가능성이 열려있다. 해당 브랜드를 바꾸지 않을 수 있고, 그 관계가 소망단계를 넘어 사랑단계에 들어설 수 있다.

(2) 브랜드의 구성요소와 도시브랜드의 의의

브랜드는 시각효과를 압축한 상징물(Symbol)과 로고(Logo), 브랜드주제를 짧게 압축시켜 표현한 슬로건(Slogan), 브랜드를 의인화하여 만화나 그림형태로 도안한 캐릭터(Character) 등으로 구성된다. 브랜드는 각각 요소가 모여 하나의 브랜드를 형성하므로, 각 요소는 서로의 정체성(Identity)을 보유하여 한다. 브랜드는 고객에게 자신의 상품을 경쟁기업의 상품과 구별하기 위한 수단이며, 기업의 상품의 개성과 이미지를 표출하고, 나아가 고객에게 개성창출수단으로 활용되고 있다.

도시브랜드는 ‘도시가 갖고 있는 다양한 기능, 시설, 서비스에 의해 다른 도시와 구별되는 상태이자 도시의 상품을 구매하고자 하는 고객에게 강한 인식을 갖도록 하는 일련의 마케팅 활동’이라고 할 수 있다. 도시브랜드는 ‘특정 도시가 갖고 있는 자연과 인문환경 등 타 도시와 구별하기 위해 사용하는 도시의 명칭, 상징물, 디자인 혹은 이런 요소의 집합체’로 표현할 수 있다.

도시브랜드는 해당 도시의 미래 비전과 발전방향을 기초로 하여 경쟁도시와의 관계를 감안하는 포지셔닝 전략이 요구된다. 우리나라는 지방지치제가 전면적으로 실시되면서 국내의 지방자치단체가 앞 다투어 브랜딩 작업을 도입하였다. 세계화 속에서 도시브랜드가 도시를 포함한 국가경쟁력을 결정하는 최대변수로 부각되면서 도시브랜드의 가치와 중요성은 더욱 더 강조되고 있다. 도시브랜드는 국가적으로 국가브랜드를 도시단위에 적용한 하위개념으로 인식되고 있고, 세계의 도시는 도시경쟁력 향상을 목표로 도시브랜드가치 제고에 집중하고 있다. 도시가 가진 자연환경, 도시경관, 관광자원, 문화와 예술, 역사와 전통을 일관적이면서도 전략적 계획을 통해 긍정적인 이미지로 브랜딩 하는 것이다.

도시브랜딩은 도시의 긍정적 이미지를 강화시키고, 도시를 새롭게 생각하거나 오래 기억하게 하는 기대감을 상승시키는 것이다. 문화와 예술의 도시, 프랑스 파리를 떠올리면서 몽마르트 언덕을 걸어보고 싶은 마음에 사로잡히는 것, 음악과 예술의 도시 잘츠부르크(Saltburg)를 떠올리면서 어렸을 때 부른 도레미 송과 영화 '사운드 오브 뮤직'의 감흥을 되새기며 여행하고 싶은 마음이 들게 되는 것을 의미한다.

파리 몽마르트 언덕

사운드 오브 뮤직 투어

03 도시브랜드와 브랜드슬로건 개발사례

1) 해외의 개발사례

도시는 브랜드를 창출하고, 자국뿐 아니라 국제적 경쟁력을 확보하고자 하는 노력을 강화하고 있다. 도시브랜드슬로건은 단순히 해당 도시를 알리는 차원의 노력을 넘어 도시가 갖고 있는 이미지 개선과 함께 장기적인 도시브랜드자산을 구축하는 역할을 하고 있다. 도시브랜드 개발은 궁극적으로 도시가 소유하고 있는 다양한 자원에 대한 긍정적이고 친근한 이미지의 전달, 이미지 개선과 적극적인 홍보를 통해 도시의 상품가치를 제고하고 도시거주자의 도시에 대한 애착심과 자긍심을 부여하는 것을 목표로 한다. 뉴요커(New Yorker), 더블린너(Dubliner), 파리지엥(Parisien)은 특정 도시인을 지칭하면서 도시경쟁력 강화를 위한 도시브랜드가 적용된 예이다.

(1) 뉴욕의 I♥NY

I♥NY은 도시브랜딩의 효시라고 할 수 있다. 뉴욕시는 1970년대 들이닥친 오일쇼크로 침체된 지역경제를 살리고자 관광산업에 포커스를 맞추고 '세계 제1의 도시, 세계의 수도'라는 이미지마케팅을 전개, 강력한 브랜드 개발에 착수했고, 자유의 여신상과 엠파이어스테이트 빌딩, 타임스퀘어를 뛰어넘는 아이덴티티로 통합이미지를 창출한다는 시도였다. T셔츠, 인형, 모자 등 상품에 **I♥NY** 브랜드를 사용하면서 세계 최고의 도시 뉴욕만의 스타일을 창조하였다고 평가받는다.

1976년 뉴욕의 그래픽디자이너 밀턴 그레이저(Milton Graser)가 만든 로고 **I♥NY**은 가장 널리 알려진 로고이자 가장 성공한 브랜드 캠페인으로 인정받고 있다. 한 줄의 문장과 붉은 색 하트로 이루어진 앰블럼은 최고의 성공을 거두었고, 로고의 가치는 9.11테러 이후에 재확인되었다. 밀턴 그레이저는 **'I Love NY more than ever'**로 바꾸어 테러 현장의 구호물품에 이미지가 활용되었다.

미국의 도시는 닉네임이 브랜드슬로건의 의미를 상징하고 있다. 로스앤젤레스(Los Angeles)는 스페인어 '천사의 도시'를 의미하는 **'City of**

Angels, Los Angeles'로 불리며, 시카고(Chicago)는 미국 5대호 미시간 호수(Lake Michigan)에서 불어오는 매서운 바람으로부터 **'The Windy City'**의 브랜드이름을 얻었다. 피츠버그(Pittsburgh)는 강철도시의 이미지 **'The Steel City'**, 덴버(Denver)는 해발고도 1마일(1.6km/5280ft) 고지에 위치하여 **'Mile High City'**로 불리고 있다. 라스베이거스(Las Vegas)는 **'What happens in Vegas, Stays in Vegas'** 로 알려져 있고, '라스베이거스에서 일어난 일은 라스베이거스에서 머문다'는 뜻이지만, 이 표현은 어떤 일이 여기에서 벌어지건 당신의 비밀은 여기에서 안전하다(No matter what happens, your secrets will be safe.)는 의미로서 '당신이 라스베이거스에 오면 당신은 무엇이든 할 수 있고 당신이 되고 싶은 누구나 될 수 있다.'는 도시의 관광산업으로 강조한 광고 문구에서 유래하였다.

(2) 홍콩의 Asia's World City

홍콩의 도시브랜딩은 1997년 중국에 반환되면서 기존 홍콩의 정체성 상실에 대한 우려를 잠재우고, 미래 아시아의 금융, 물류의 중심지로 확고한 자리매김을 위한 것이다. 홍콩은 2001~2002년 브랜드 홍콩 프로젝트를 수행하였고, 아시아 속의 세계도시로 사회간접자본을 확충하고 IT와 관광산업을 향상시켜 중국대륙과 세계의 연계를 강화하기 위한 **'Asia's World City, Hong Kong'**를 개발하였다. 이것은 모국인 중국의 상징 색인 붉은 색을 적절하게 사용하였고, 용의 흐르는 선은 붓글씨에 의한 중국식 전통을, 색상의 융합은 이중적인 표현을 통해 동서양의 조화를 표현하였다. 홍콩 관광청은 **'City of Life, Hong Kong is it!'** 이라는 관광캠페인과 결합하여 홍보캠페인을 활용하였고, **'A Shopper's Paradise'** 혹은 **'Sense It, Live It, Love It'**과 같은 슬로건을 개발하였다.

홍콩의 Asia's World City는 간단한 기념품부터 케세이퍼시픽 항공사의 항공기, 건물옥상의 대형광고물, 웹사이트까지 다양하게 활용되었다.

(3) 일본 도쿄의 Yes! Tokyo

일본은 1999년 국내외 도쿄 방문객 및 컨벤션 유치 증가를 발판으로 한 글로벌국시대의 교류도시로서 도쿄의 홍보 및 관광산업을 성장시키기 위한 수단으로 **'Yes! Tokyo'**를 개발하였다. 'Yes! Tokyo'는 긍정적인 의미를 통해 역동적이고 흥미로운 도쿄를 이미지화하고, 흥미 있는 도시를 만들겠다는 의지를 표현하였다. 'Yes! Tokyo'는 성공적인 도시슬로건이며, Yes는 Your Exciting Stage!의 이니셜을 의미하기도 한다.

(4) 싱가포르의 Uniquely Singapore와 Passion Made Possible

싱가포르는 1996년 새로운 아시아 싱가포르라고 하는 브랜드를 개발했다. 이것은 새롭게 전개되는 아시아시대라는 지평에서 싱가포르를 자리매김하고자 하는 시도였다. 싱가포르의 브랜드슬로건은 **'New Asia-Singapore**(1996~2004)**'**에서 **'Uniquely Singapore**(2004~2010)**'**로 바뀌었고, Uniquely는 다양한 인종, 풍경, 지리적 위치, 전통을 가장 잘 설명하는 단어이자 동남아시아의 중심이라는 것과 동과 서를 잇는 가교로서 음식, 문화, 예술, 건축에서 극과 극의 색깔을 가지면서 전통과 현대가 조화된 곳임을 홍보한 것이다. 또한 **'Your Singapore**(2010~2017)**'**를 거쳐 2017년 싱가포르 관광청(STB)과 경제발전위원회(EBD)가 함께 **'Passion Made Possible'**을 발표하였다. '열정을 가능하게 하다.'라는 의미이며, 미식가(Foodie), 탐험가(Explorer), 컬렉터(Collector), 활동가(Action Seeker), 문화향유자(Culture Shaper), 소셜라이저(Socialiser), 프로그래서(Progressor) 등 7가지 소주제를 배경으로 탄생하였다.

(5) 뉴질랜드의 100% Pure New Zealand

뉴질랜드는 농업과 낙농업과 관광이 제2대 국가산업으로 자리매김하면서 정보통신과 같은 차세대 산업에 뛰어들기 쉽지 않다는 판단 하에 100% Pure라고 하는 신선하고 깨끗한 이미지를 내세운 것이 **'100% Pure New Zealand'** 캠페인이다. 환경오염을 겪고 있는 지구촌에 이런 순수 청정 이미지는 매혹적인 브랜드로 인식되었고, 영화 <반지의 제왕> 3부작은 뉴질랜드 관광에 영향을 미쳤다. '100% Pure History'와 '100% Pure Culture' 등으로 나눈 뉴질랜드는 대표적인 마케팅 사례로 손꼽힌다.

(6) 독일의 Be Berlin

독일은 2008년 수도 베를린의 **'Be Berlin'**이라는 도시브랜드슬로건을 만들었다. 베를린은 'Be Berlin' 이라는 큰 주제 아래 베를린 관련 슬로건을 내외국인을 모집하는 입체 전략에 활용하였다. 이것은 베를린 시민과 관광객이 도시에 대한 긍정적인 이미지를 생각하게 하고, 이를 다시 베를린의 도시브랜드전략에 연결함으로써 도시이미지

향상, 슬로건 수립, 홍보를 복합적으로 수행한 쌍방향 커뮤니케이션이다.

(7) 네덜란드 암스테르담의 I amsterdam

'I Amsterdam'은 수도 암스테르담을 도시브랜드를 통해 공동체 결속을 강화한 대표사례로 꼽히며, 네덜란드보다 더 유명한 City Letter이자 포토존이다. 암스테르담은 '나는 암스테르담 시민'이라는 뜻을 가진 I Amsterdam이라는 도시슬로건을 개발하여 외국인이 자신을 이방인이 아닌 암스테르담의 시민이라고 인식하게 하였고, 이를 통해 암스테르담은 다인종과 다문화가 빚어내는 문화적 유연성을 지닌 도시이미지를 갖게 되었다. 조형물은 2004년 당시 도시가 '살기 좋은 곳, 사업하기 좋은 곳, 관광하기 좋은 곳' 등의 조사순위에서 좋지 못한 결과를 보이자 암스테르담 시의 주도로 설치되었다. 2018년 12월 3일까지 국립미술관 앞에서 세운 상징물은 광장혼잡과 분별없는 대중관광으로 너무 많은 관광객이 몰려들어 시민불편이 가중되었다는 것을 구실로 사라졌으나. 스키폴국제공항의 광장에서 I amsterdam 조형물을 볼 수 있다.

(8) 덴마크 코펜하겐의 Open for you

덴마크의 코펜하겐은 자전거생활이 보편화 되어 있는 친환경도시로 녹지비율이 높고, 문화예술과 전통건축이 잘 보존되어 있는 아름다운 도시이다. 도시슬로건 **'Open for you'**는 코펜하겐을 찾는 방문객에게 전달하는 환영의 메시지로서 Open과 창의적 생각이 가득하고, 분쟁 없는 조화로운 코펜하겐의 이미지 Open을 함축하고 있다. 로고는 Copenhagen과 OPEN을 결합한 디자인이며, OPEN은 원으로 강조하고, OPEN은 배지나 자전거 바퀴와 같은 원 모양 디자인에 주로 활용되고 있다.

(9) 포르투갈의 포르투(Porto)

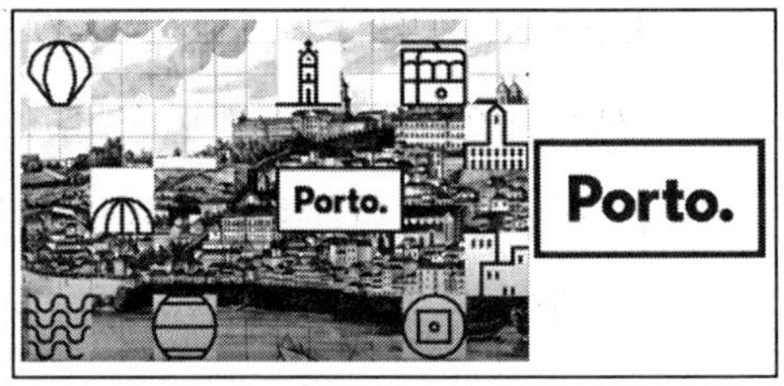

포르투는 우리나라 부산에 비유할 수 있는 포르투갈 제2의 도시이며, 특징은 아줄레주(Azulejo)라고 부르는 푸른 타일을 이용한 플렉서블 디자인이다. 특별한 슬로건이 없으며, 도시 이름 알파벳 그 자체로 구성되어 있다. 시민참여로 만들어진 22개의 타일을 조합하여 결과물 창조하여 브랜딩 잘하는 도시라는 멋진 타이틀을 얻었다.

2) 국내의 개발사례

(1) 도시브랜드 슬로건 개발 현황

도시 간 경쟁구도가 1995년 지방자치단체장 선거이후 시작되었다. 국내 도시들은 해외 도시의 성공사례를 벤치마킹하였고, 유행처럼 번지기 시작한 것이 바로 CI(City Identity), 브랜드슬로건 개발이다. 도시의 고유성과 비전을 담은 개성 있는 CI도 있었으나, 막연히 좋은 의미를 좇아 따라 하기에 급급한 몰개성화 경우도 있다. 2002년 서울특별시의 '하이서울(Hi Seoul)'을 시작으로 부산광역시 '다이나믹 부산(Dynamic Busan)',

대전광역시 '잇츠 대전(It's Daejeon)', 대구광역시 '칼라풀 대구(Colorful Daegu)', 울산광역시 '울산 포 유(Ulsan for You)', 수원시 '해피수원(Happy Suwon)'는 몇몇 사례이다.

서울특별시는 2002 월드컵을 통해 고양된 서울시의 에너지와 자부심을 하나로 모아 서울사랑 공동체의식을 함양하기 위한 시의 이미지를 브랜드화 하였다. 'Hi'는 전 세계 사람들이 가장 많이 쓰는 영어 인사말로서 지구촌에 밝고 친근한 서울의 메시지와 다양하고 활기찬 서울의 매력을 표현하였다. '하이 서울(Hi Seoul)'은 2002년부터 2015년까지 사용되었고, 2006년부터 대표슬로건(Hi Seoul)과 서브슬로건(SOUL of Asia를 결합시킨 아시아 문화를 포용한 로고가 탄생하였다. 2015년 '아이 서울 유(I·SEOUL·U)가 만들어졌다. 서울시는 이 슬로건을 '너와 나의 서울'이라는 의미라고 홍보했고, 상징을 보면, SEOUL 양 옆의 빨간 점과 파란 점은 각각 열정과 여유를 상징하고, 함께 공존을 나타낸다. SEOUL의 O(영문알파벳)을 ㅇ(옛이응)으로 대체해 동양과 서양의 공존을 강조하였다. 서울특별시는 2023년 MY SOUL SEOUL(가칭)과 같은 서울의 현재와 미래 방향 등을 함축하는 내용을 담은 새로운 브랜드슬로건을 준비하고 있다.

부산광역시는 월드컵과 아시안게임 등 메가이벤트의 성공적 개최로 높아진 부산의 위상을 국내외에 적극적으로 홍보하는 동시에, 시민의 애향심을 높이고 세계도시로 발전해 나가는 미래 도시비전을 제시하고자 2004년 슬로건을 개발했다. 'Dynamic' 은 개방적 진취적인 부산시민 기질을 나타내고, 관광, 경제, 교육, 문화 등 모든 분야에서 활기차게 역동적으로 발전한다는 메시지를 담았다.

인천광역시의 '올웨이즈 인천(all ways Incheon)'은 대한민국의 길을 열고, 세상의 길을 잇고, 너와 나의 길이 되는 인천으로 이는 '모든 길은 인천으로 통한다.'라는 의미를 담았다. 길이 되는 상징 두 가지인 등대(I: 팔미도등대)와 다리(N: 인천대교)를 디자인모티브로 하였고, 2개의 N은 인천의 특징 '연결과 확장'의 의미를 갖는다.

대전광역시는 21세기를 맞아 도시경영전략의 일환으로 개발, 문화와 경제, 과학의 중심도시로서 대전의 브랜드이미지를 구축하고 경쟁도시와 차별화를 통해 인지도를 높였다. 'It's Daejeon'은 가장 살기 좋은 도시가 바로 대전광역시라는 의미를 담았다.

수원시는 2003년 21세기 국제적 환경변화와 사회요구에 부응한 새로운 도시경영전략의 중심 역할을 수행하고, 서울의 예속화된 경향에서 탈피하여 활력 있고 전진하는 이미지를 각인하기 위해 도시브랜드를 개발했다. 'Happy'가 지닌 '행복한, 기쁜, 즐거운'의 긍정적인 이미지를 수원시에 접목하고 있다.

도시의 향토자산을 브랜드화해 성공적인 장소마케팅을 펼치고 있는 지방자치단체도 있다. 나비 천국 '나르다'로 유명한 함평군, 보령시의 보령머드, 안성시의 안성마춤, 안동시의 간고등어, 보성군의 녹차, 횡성군의 한우, 고창군의 복분자 등은 지역브랜드의 성공사례로 꼽힌다.

표 1-5 ▌국내의 브랜드슬로건 개발 사례

구분	슬로건	로고	구분	슬로건	로고
부산	Dynamic Busan	Dynamic BUSAN Asian Gateway	용인	Ace Yong-in	Ace YONG·IN
인천	all ways Incheon	all ways INCHEON	천안	Fast Cheonan	FAST CHEONAN
대구	Colorful Daegu	New Start New Daegu Colorful DAEGU	서천	Amenity Seocheon	Amenity SeoCheon
광주	Your Partner Gwangju	Your Partner Gwangju	양양	Thank You! Yangyang	고맙다! 양양 THANK YOU! YANGYANG
대전	It's Daejeon	It's Daejeon	평창	Happy 700	HAPPY700 평창
울산	Ulsan for you	Ulsan for you	태백	Always Taebaek	Always Taebaek
충남	CHUNGNAM Heart of Korea	ChungNam Heart of Korea	경주	Beautiful Gyeongju	Beautiful GyeongJu
전북	NOW Jeonbuk	NOW JEONBUK	창원	Young City Changwon	YOUNG City CHANGWON
수원	Happy Suwon	Happy Suwon	김해	Gimhae for you	Gimhae for YOU

(2) 브랜드슬로건의 문제점

도시가 마케팅의 대상으로 인식되면서 자연스럽게 도시브랜드 개념이 부각되었으나, 국내의 브랜드슬로건의 상당 부분이 천편일률적이고 내용이 지역특성이나 정서를 제대로 반영하지 못하는 경우가 있다. 슬로건 자체는 영문명으로 만들었으나 표현이 한국적이어서, 외국인용보다 내국인용이라는 지적도 있다. 브랜드슬로건 개발 시 다른 지자체와의 중복여부를 검토하지 않아 생긴 부작용도 있다. 대전의 'It's Daejeon'은 일본 소니의 'It's Sony' 와 유사해 표절논란을 불러일으켰지만, 이를 두고 일부에서 도시 간 혹은 도시와 기업 간 브랜드슬로건은 영문단어의 제한적 사용으로 중복이 불가피하다는 반론도 제기되었다. 부산광역시의 슬로건 '다이내믹 부산' 은 2002 월드컵 당시 사용되었던 국가브랜드슬로건과 동일하며, 지역 색깔이 읽혀지지 않는다고 하는 인식이 있었다. 브랜드개발은 '남들이 하니까 나도 한다.'라고 하는 생각이 아닌, 도시를 하나의 상품으로 보는 기본자세가 중심이 되어야 하며, 장기적인 안목에서 지역이미지를 활성화하고 강력한 도시자산으로 승화하는 브랜드관리가 필요하다.

3) 도시브랜드지수와 도시브랜드 강화전략

(1) 도시브랜드지수

도시이미지의 브랜드화는 경제적 효과를 가져오고 도시의 삶의 질 향상을 위한 도구이다. 그러나 도시들은 도시브랜드를 전략적으로 수립하여 실행하고 있다기보다는 CI나 슬로건, 특산품의 상품브랜드 개발 등 도시브랜드전략의 각 요소가 부분적으로 진행되어 통합적으로 관리, 운영되지 못하고 있다. 도시정부의 핵심가치로서 브랜드 아이덴티티(BI, Brand Identity)를 수립한 경우에도, BI가 갖고 있는 시각적인 결과, 즉 로

고와 슬로건 개발을 넘어 발전해 나가지 못하고 있다.

도시브랜드는 국가브랜드의 축소판의 승격을 갖고 있고, 안홀트-GFK 로퍼 도시브랜드지수(Anholt -GFK Roper City Brands Index)는 세계의 도시 브랜드순위를 정하는 대표적인 사례이다. 영토, 주권, 국민을 3대 구성 요소로 하는 국가브랜드와 달리, 경제, 교육, 공공정책 등 구체적으로 지역수익모델에 기여할 수 있는 요소와 편의적 서비스요소를 중심으로 구성되어 있다. 이런 요소는 도시브랜드자산을 설명하는 선행요인이며, 도시의 브랜드 인지도, 이미지, 선호도에 영향을 미친다. 도시브랜드지수는 6각형 모델에 의거해 6가지 지표로 산출되고 있다.

① **존재감(The Presence)** : 도시의 국제적 인지도와 위상
② **장소(The Place)** : 쾌적함, 미적 가치, 기후조건(물리적 경관)
③ **잠재력(The Potential)** : 경제(고용기회, 기업환경), 교육기회
④ **생동감(The Pulse)** : 흥미를 끄는 이벤트, 행사, 생활양식
⑤ **사람(The People)** : 주민의 친절함과 개방성(문화적 수용여부), 안전도
⑥ **기반 시설(The Prerequisites)** : 생활 기반시설(숙박, 공공시설)

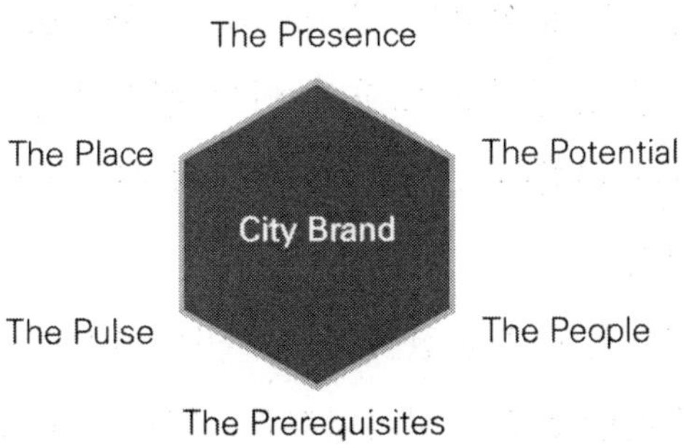

출처: Simon Anholt and GMI (2006).
The Anholt City Brands Index: How The World Views Its Cities. GMI, 3.

그림 1-6 ▎도시 브랜드 6각형 모델과 지표

안홀트-GFK 로퍼 도시브랜드지수는 "도시브랜드가 빠진 국가경쟁력은 알맹이가 없는 것과 같다.", "국가브랜드를 강화시키려면, 단순히 순위와 같은 '겉모습'이 아니라, 도시브랜드와 같은 실질적 '알맹이'를 개발해야 한다."하며 브랜드가치를 중요시 한다. 국가브랜드와 도시브랜드는 밀접한 관계가 있다. 과거 좋은 국가브랜드가 강한 도시브랜드의 기반이 되었으나, 좋은 도시브랜드가 오히려 국가브랜드를 강화시키는 요인이 된다. 미국은 뉴욕, LA, 샌프란시스코 등 도시가 풍기는 여유롭고 혁신적 이미지가 국가브랜드의 부정적 이미지를 완화하고 긍정적 이미지는 제고하고 있다. 세계에서 가장 매력적인 도시는 런던, 시드니, 파리, 뉴욕, 로마, 워싱턴DC, LA, 토론토, 빈, 멜버른 순이었다.

(2) 도시브랜드 강화전략

도시브랜드가치를 높이고 도시마케팅을 성공적으로 수행하기 위해 필요한 전략은 여러 가지가 있다.

첫째, 정확한 연구를 통한 장기비전수립이다. 도시의 명확한 비전수립이 우선시되고, 도시의 객관적 평가와 목표(Target) 설정, 경쟁위치에 있는 도시를 파악하고 분석하는 것, 도시의 대표상품을 결정하고 정체성이 담긴 메시지를 통일되고 일관성 있게 전달하는 과정이 요구된다. 도시의 현재 위치가 어디이고, 도시가 미래에 어느 방향으로 갈 것인지 비전이 있어야 한다.

둘째, 사람을 끌어들이고 붙잡아 둘 수 있는 다양한 복합콘텐츠 개발이다. 홍보용 슬로건만으로 도시이미지와 명성, 브랜드가치를 제고하는 것은 한계가 있다. 21세기 지식산업사회에서 문화, 예술, 환경, 디자인은 세계도시 간 부각되는 가치이다. 문화와 예술은 도시에서 문화시설과 공연, 축제형태로 거듭나고 있고, 문화시설과 콘텐츠가 풍부한 도시는 삶의 전체가 여유롭고 경제적 효과로 나타난다. 환경은 동시대를 살고 있는 도시민뿐 아니라 미래세대를 위해 보존되어야 하므로, 도시정체성을 반영하고 사람을 위한 공공의 디자인콘텐츠가 요구된다.

셋째, 체계적, 지속적인 브랜드활동이다. 브랜드실행은 커뮤니케이션 전략의 실행을 의미하므로, 도시 브랜드 정체성에서 파생된 브랜드 포지셔닝을 효과적으로 실행할 방안 구축이 필요하다. 시장세분화와 목표선정을 고려한 브랜드마케팅과 커뮤니케이션전략을 수립하고 이를 수행하기 위한 매체믹스(Media Mix)를 통해 시민참여를 포함한 통합마케팅 커뮤니케이션(IMC, Integrated Marketing Communication)이 이루어져야 한다.

넷째, 시민과 공유하고 함께 만들어 가는 것이다. 도시브랜드가치를 높이기 위해 리더십과 함께 시민 참여가 필요하고, 시민 동의가 없는 비전은 오래가지 못해 브랜드로서 힘을 얻을 수 없다. 도시를 구성하는 많은 사람이 동일한 비전을 공유하고 실천방안을 만들어 갈 때, 도시브랜드마케팅 목표를 체계적으로 구현할 수 있다.

04 도시브랜드의 실천사례와 도시브랜딩 유형

1) 도시브랜드마케팅의 실천사례

(1) 이미지 강화 및 변화

도시브랜드를 통한 도시이미지 강화는 도시의 개성에 부합하는 이미지를 찾아 도시브랜드로 활용하는 것이며, 경쟁도시와 차별화된 해당 도시만의 컬러를 부여할 수 있도록 특색 있는 자연, 역사, 문화자원 등 어메니티 자원을 발굴해 도시브랜드로 최대한 활용하는 것이다.

① 긍정적 도시이미지 강화

도시의 긍정적 이미지를 강화하고 과거부터 내려온 도시 고유의 풍부한 역사와 문화자원을 활용한 도시사례가 있다. 영국 스코틀랜드 에든버러는 인구수에 비해 약 30배에 해당하는 연간관광객 1,300만 명이 찾는다. 에든버러는 시간과 공간의 집중이란 전략을 내걸고, 도시정체성을 '세계 최고'의 목표로 도시이미지 강화에 초점을 맞추었다. 1995년 세계유산에 등재된 에든버러 도심의 경쟁적 우위를 바탕으로 도시의 역사, 문화유산을 자리매김했고, 지역 주민의 자발적 참여를 통해 '세계적인 축제의 왕국'으로 포지셔닝하였다. 축제 동안, 에든버러 시민을 만나는 것보다 세계 각지에서 온 여행자를 만나는 것이 더 쉽다는 말은 과장이 아니며, 구도심 로얄마일(Royal Mile)은 다양한 국적의 사람을 만날 수 있다.

일본 이시카와 현 가나자와(金澤)는 전통과 현대를 가장 이상적으로 조화시킨 표본으로 평가받는다. 가나자와는 우리나라에서도 잘 알려져 않은 혼슈 중앙부 이시카와현에 위치하고 있는 중소도시에 불과하다. 가나자와는 2009년 6월 유네스코의 공예와 민속예술 분야 창조도시(Creative City)로 지정되었고, 일본 최초로 주민에 의한 전통환경보존조례를 제정하여 역사경관보존과 형성을 위한 문화정책을 펼쳐 오늘날 일본의 정통문화를 자부하는 역사도시로 자리매김하였다. 이곳은 1546년 사찰마을로부터 중세 일본도시를 거쳐 오늘날 전통정원이 가장 잘 보존되어 있는 도시로 정착되었다. 가나자와의 정체성은 도시 한 가운데의 전통정원 겐로쿠엔(兼六園)을 중심으로 성곽, 히가시차야 거리(東茶屋街), 무사의 거리 등 역사문화를 온전하게 보전한 연간 700만 명이 찾는 전통도시라는 것이다.

에든버러 로얄마일

가나자와성

② 부정적 도시이미지의 변화

도시의 부정적 이미지를 해소하고 새로운 이미지를 창출한 선진사례는 환경오염이나 도시문제가 심화되었던 옛 산업도시에서 찾을 수 있다. 영국 스코틀랜드 글래스고(Glasgow)는 어둠의 도시에서 문화도시로 거듭났다. 이곳은 18세기 북미와 서인도와의 교역으로 도시경제가 발전하였고, 19세기에 섬유, 화학, 유리, 종이 등 경공업 발전뿐 아니라 19세기 후반 조선과 기관차제조 등 중공업발달로 대영제국의 제2도시로서 성장하였다. 1896년 지하철개통 및 박람회를 개최를 통해 '세계 속의 도시' 입지를 다졌다. 1960년대 이후 조선과 중공업 등 산업의 쇠퇴를 겪었고, 1972년 최초로 '산업폐기도시'라는 불명예를 받는 부정적 이미지가 남게 되었다. 그러나 도시재생 프로젝트와 함께 새로운 주택건축보다 방치되었던 빅토리아시대의 상업건축물을 리모델링하는 환경개선에 집중하였고 1988년 글래스고 가든 페스티벌(Glasgow Garden Festival)을 개최하여 문화자산을 외국에 알리고 1990년 유럽문화수도로 선정되었다. 도시정체성은 금융, 관광, 쇼핑 등 서비스업 중심지로서 재구성되어 세계 각지에서 많은 사람이 찾는 도시가 되었다는 것이다.

글래스고

피츠버그

미국 펜실베니아주 피츠버그(Pittsburgh)는 과거 '최고의 철강산업도시'로 알려져 있다. 19세기 초반 펜실베니아 탄전 채굴을 등에 업고, 뉴욕과 뉴올리언즈와 함께 미국의 대표항구로 자리매김했으나 철강산업 쇠퇴로 경기침체와 공장에서 내뿜는 연기 때문에 '뚜껑 열린 지옥(Hell with the lid off)', '미국에서 가장 더러운 쓰레기더미'라는 받는 이미지로 채색되었다. 도시를 되살리고자 하는 시와 시민은 죽어가는 철강도시를 첨단산업도시로 바꾸기 위한 도시재생을 실현시켰고, 광부를 날리던 케이블카는 관광객을 위한 교통수단으로 바꾸어 문화관광도시로 변모했다. 1985년 미국에서 '가장 살기 좋은 도시' 1위로 선정되었고 2007년 포브스지가 선정한 '청정도시'에서 10위로 꼽히고, 2009년 9월 G20 정상회담을 개최하여 놀라운 도시이미지 변신에 성공하였다. 도시 정체성은 어둡고 칙칙하고 오염된 부정적 이미지에서 친근하고 쾌적하고 깨끗한 긍정적 이미지로 변모하여 최고의 도시브랜딩 효과를 본 도시이다.

2) 도시브랜딩의 실천 유형

도시의 지역정책과 도시계획은 주로 공급자 시각에서 이루어졌으나, 현재의 도시브랜딩 전략에서 정책과 계획은 소비자 시각을 보다 중시한다. 도시브랜딩의 목표는 개성 있는 도시브랜드와 이미지를 높여 기업

투자를 유치하고 고급인력을 끌어들여 도시주민주거를 안정시키고 방문객을 끌어들이는 것이다,

(1) 전통적 자원을 활용한 도시브랜딩

유서 깊은 역사와 전통을 가진 오랜 도시들은 풍부한 유산을 이용해 도시브랜드화 하는 것이며, 기존 전통자원의 핵심가치를 지속적으로 강화하여 고유한 핵심가치를 확장시키는 도시브랜드 성장전략이다.

① 민속예술 도시 산타페(Santa Fe)

산타페(Santa Fe)는 미국 뉴멕시코주에 위치한 아메리칸 인디언 문화를 기반으로 한 도시이다. 이곳은 1610년 스페인에 속한 권역의 수도로 지정되어 미국에서 가장 역사가 오래되었고, 청교도가 매사추세츠주 보스턴 부근 플리머스(Plymouth)에 최초 도착한 1620년보다 10년 빠르다. 산타페는 스페인어로 '거룩한 믿음, 성스러운 신앙(Holy Faith)'의 뜻이고, 도시배후를 형성하고 있는 산의 이름 상그래 더 크리스토(Sangre de Christos)이 '크리스트의 피'의 의미이다. 산타페는 해발 2,134m의 고지대에 위치하면서도 250개 넘는 화랑을 보유하여 뉴욕과 LA와 함께 미국의 3대 미술시장에 꼽힌다. 산타페는 유네스코가 선정하는 민속공예분야의 창조도시에 지정되었고, 기존의 '아메리칸 인디언 문화(American Indian Culture)'라고 하는 핵심가치를 강화·확대하여 **'Folk Art-The City Different'**라는 도시브랜드 정체성을 정하고, 도시경관, 문화인프라구축, 예술시장 활성화 정책 등의 전략을 시행하였다.

② 셰익스피어의 도시, 스트랏포드 어폰 에이번

스트랏포드 어폰 에이번(Stratford upon Avon)은 세계 최고의 문인 윌리엄 셰익스피어(William Shakespeare)가 생활했던 16세기 당시의 전통유산

과 연극이 현대와 조화를 이루며 공존하는 셰익스피어의 도시이다. 이곳은 셰익스피어 생가를 비롯하여 셰익스피어의 부인 앤 헤더웨이 집(Anne Hathaway's Cottage)을 통해 그의 인생과 시대를 통찰해 볼 수 있는 기회를 제공하고, 그의 무덤이 있는 홀리 트리니티(Holy Trinity)는 잉글랜드에서 가장 아름다운 교구교회 중 하나이다. 세계 최고의 고전극단 왕립 셰익스피어 극단(The Royal Shakespeare Company)에서 공연되는 작품은 공연을 하는 극장의 기본적 기능을 넘어 영국인의 정체성을 일깨워주는 역할을 하고 있다.

산타페(Santa Fe) 캐니언로드

스트랏포드 어폰 에이번
(Stratford upon Avon)

③ 모차르트의 고향, 잘츠부르크

오스트리아 잘츠부르크(Salzburg)는 수려한 경관이라는 천혜의 자연과 더불어 최고의 음악가 모차르트의 후광으로 더욱 빛나는 도시이다. 도시는 소금이 아닌 모차르트라는 상품을 통해 많은 돈을 벌어들이고 있다. 모차르트 이외에 도시유산과 영화 <사운드 오브 뮤직(The Sound of Music)>의 무대가 된 배경은 이곳을 오스트리아는 물론 유럽을 통틀어 가장 아름다운 도시로 손꼽게 하였다.

(2) 랜드마크와 현대적 조형미를 활용한 도시브랜딩

도시공간의 랜드마크나 건축물을 만들어 이것을 통해 도시브랜드를 창출하는 것이다. 도시공간은 상징물을 통해 사람에게 각인되기 좋은 이미지 갖고 싶어 한다. 세계 어느 곳의 누구에게 물어보아도 파리는 에펠탑과 개선문, 뉴욕은 자유의 여신상, 시드니는 오페라하우스를 떠올리기 마련이다. 필수요소는 아니지만, 이것이 있는 도시와 없는 도시의 차이는 크다.

① 머라이언의 나라 싱가포르

머라이언(Merlion)은 사자 머리에 물고기 몸통을 하고 있는 싱가포르의 상징이다. 머라이언의 단어에서 'Mer'는 고대 싱가포르의 이름으로 어촌마을(Sea Town)을 뜻하는 현지어의 이름에서 유래하였고, 'Lion'은 싱가포르의 원래 이름 싱가푸라(Singapura)로서 사자의 도시를 뜻하는 것에서 유래하였다. 머라이언은 프레이저 브루너(Fraser Brunner)에 의해 디자인되어 1972년 9월 리칸유(Lee Kuan Yew) 총리의 동상 제막을 통해 세상에 공개되었다.

② 버디 베어를 만든 독일 베를린

버디 베어(buddy Bear)는 독일 베를린의 상징이며, 독일인의 지혜로움과 우직한 성향을 반영하여 도시마케팅에 큰 효과를 발휘하였다. 버디 베어는 클라우스 헤어리츠(Dr. Klaus Herlitz) 박사와 그의 부인 에바(Eva)가 1989년 통일을 계기로 인류의 상호이해를 위한 상징을 만들 목적으로 기획하였다. 조형물은 2001년 6월말부터 베를린 중심 쿠담이나 운터덴린덴에 설치되었고, 형형색색 조형물은 도심에 활기를 불어넣었다. 버디 베어는 여러 후원기업과 학교 그리고 관청과 언론 및 문화단체의 긴밀한 협조에 의해 진행되었다. 2002년부터 세계 순회를 시작한 전시는 UN회원국 출신 예술인들이 각국의 혼과 숨결을 담아 제작하였고, 살아가는 방식은 다르지만 같은 뜻을 지닌 행사에 동참하여 극빈국 어린이를 돕는 기금을 키워가는 지구촌의 나눔 행사로 알려져 있다. 전시목표는 서로 다른 나라와 문화, 종교 간의 관용과 이해를 알리기 위한 것이다.

(3) 도시의 대표상품을 활용한 축제 도시브랜딩

도시의 대표상품은 축제나 이벤트를 비롯하여 동화, 계절, 전설 등 다양한 테마로 구성된다. 우리나라는 생소한 사례이지만, 핀란드 라플랜드의 산타클로스 마을, 캐릭터 스머프를 만날 수 있는 스페인 안달루시아 말라가 인근의 후스카르(Juzcar) 마을, 그리고 동화 명작 빨간 머리 앤의 배경이 된 캐나다의 프린세스 애드워드 섬(Prince Edward Island) 등이 대표적이다. 특히 국제화되고 창의적이며 종합적인 도시축제 성공은 개최지역의 도시브랜드를 향상시키는데 많은 기여를 하고 있다.

① 망톤 레몬축제의 상품화

망통(Menton)은 프랑스 니스에서 동쪽으로 28km 거리에 위치한 인구 3만 명의 소도시이다. 이곳은 주위가 산으로 둘러싸여 있어 북부로부터 부는 찬바람을 막아주고, 앞쪽은 지중해를 바라보고 있다. 자연적 조건으로 달콤한 오렌지와 강렬한 신맛을 내는 레몬의 산지로 유명하다. 망톤 레몬축제(La Fete du Citron)는 지중해 연안에서 니스카니발 다음으로 큰 축제이고, 2월 하순이 되면 프랑스 남부 아름다운 지중해 연안 망통은 관광객으로 붐빈다. 1929년 리비에라 호텔을 경영하고 있던 기업주가 꽃과 감귤류를 이용한 전시회에 착안했고, 이를 실행에 옮겼다. 특징은 오렌지와 레몬만을 이용해 대형전시물을 만들고 퍼레이드 행렬을 벌이고, 추상적인 주제가 아니라 재미있는 주제(월트디즈니 스튜디오, 라이언킹,

잠자는 숲속의 공주, 미키마우스 등)를 를 선정하여 레몬과 오렌지를 이용한 구조물을 전시한다.

스페인후스카르(Juzcar) 마을

망톤 레몬축제
(La Fete du Citron)

② 부뇰 토마토축제의 상품화

부뇰(Buñol)은 스페인 남동쪽 지중해 연안 발렌시아 주의 작은 마을이다. 이곳은 8월 마지막 주 수요일에 토마토 던지기 축제가 개최된다. 토마토축제(La Tomatina)는 1940년대 중반에 시작된 것으로 역사가 길지는 않지만 강렬한 붉은 토마토의 색채와 역동감 넘치는 모습이 여러 영화, 광고, 방송매체에 등장하면서 전 세계적으로 유명해져 3만여 명이 함께하는 축제로 발전했다. 외부관광객의 축제참여뿐 아니라 주민의 적극적 참여, 지역사회의 단결로 성공적인 대표상품으로 자리매김하였다.

③ 팜플로나 소몰이축제의 상품화

산 페르민 축제(Festival of San Fermin)는 7월 6~14일 스페인 북부 바스크(Basque) 지방의 팜플로나에서 도시의 수호성인 성 페르민(San Fermín)을 기념하여 열리는 종교축제이다. 9일 동안 이어지는 기간에 교회가 주최하는 종교행사와 더불어 민속음악과 춤 공연, 장작패기 같은 바스크 지방의 전통 경기 등 150여 개 행사가 팜플로나 시청을 중심으로 펼쳐진다. 엔시에로(Encierro)라고 하는 소몰이와 저녁 열리는 투우경기는 축제를 전 세계적으로 유명하게 만들었다. 이 축제는 6백여 년간 이어져온 역사 속에서 문화와 예술을 도시에 조화시킨 도시브랜딩의 사례이다.

④ 삿포로 눈축제의 상품화

일본 홋카이도(北海道) 삿포로(札幌)에서 2월에 열리는 겨울축제이다. 보통 2월 5일부터 7일간 일본 최대의 겨울축제로 1950년 삿포로의 중고등학생들이 오도리 공원(大通公園)에 눈조각 작품을 만든 것에서 시작하였다. 눈축제는 매년 200만 명의 방문객이 몰려들어 브라질의 리우카니발, 독일의 옥토버페스트 등과 세계 3대축제로 손꼽힌다.

(4) 새로운 가치 창조와 실현을 통한 도시브랜딩

과거로부터 물려받은 유산이나 독특한 상징, 전통산업이나 자연에 기반을 둔 대표상품이 없거나 미흡할 때 고려되는 수단은 새로운 가치 창출이 가장 효과적일 수 있다. 새로운 가치창조와 실현을 통한 도시브랜딩은 기존 자랑할 만한 것이 없고, 자랑할 만한 잠재력이 없는 상황에서 새로운 가치를 도입하고, 개발·창조해 도시에 적합한 핵심가치를 통해 도시를 성장시키는 전략이다.

① 두바이

두바이는 '기적의 나라', '세계 최고', '세계 최대', '혁신의 현장', '세계가 주목하는 꿈의 도시' 등 여러 가지 수식어가 모두 해당되는 도시이다. 두바이는 아랍에미리트 연방(UAE)을 구성하는 7개국의 하나이면서 황량한 사막을 일구어 세계 최고의 국제관광도시를 꿈꾸고 있다. 두바이에 들어서면 으리으리한 빌딩 숲에 거듭 놀랍고, 이곳이 사막이었다는 것을 상상하기 힘들 정도로 화려하다.

두바이는 아랍어로 '메뚜기'를 뜻하며, 1969년부터 석유를 수출하기 시작했고, 1971년 650만t의 원유를 수출해 새로운 산유국으로 알려졌다. 석유 고갈에 대비하여 도시의 발전 키워드를 관광산업으로 정한 정책은 황량한 사막을 일궈 만든 녹지위의 골프장과 실내스키장, 최고의 명품으로 꼽히는 버즈 알 아랍(Burj Al Arab)과 버즈 두바이(Burj Dubai)를 통해 잘 알려져 있다. 세계 최고 7성급 호텔 버즈 알 아랍호텔은 배 돛을 형상화 한 디자인으로 유명하고, 두바이의 야망은 '팜 주메이라(Palm Jumeirah)'와 같은 인공 섬 건설 프로젝트로 확인할 수 있다. 두바이는 비즈니스를 하는 사람에게는 기회의 땅으로, 외국기업을 위한 자유무역특구를 만들어 관세를 면제해주고 있다. 금융허브, 첨단관광, 컨벤션, 쇼핑, 물류도시를 꿈꾸는 두바이는 상상의 한계를 넘어 지구촌 신도시 복합문화도시브랜드를 만들었다.

버즈 알 아랍(Burj Al Arab)

② 오스트리아 바트 블루마우

바트 블루마우(Bad Blumau)는 오스트리아의 슈타이어마르크(Steiermark)주에 있는 마을이다. 이곳은 오스트리아 제2도시 그라츠(Graz)에서 60㎞ 떨어진 아담한 소도시였지만, 1997년 온천리조트가 개장되면서부터 도시 이름이 널리 알려졌다. 지방자치단체와 건축업자 로버트 로그너(Robert Rogner)가 이곳에 온천리조트를 개발하기 시작하였고, 개발 초기에 지역주민반발이 빗발쳤지만 리조트개발을 통해 지역주민에게 이익을 돌아가도록 하겠다는 신념을 피력했고, 1993년 공사에 착수하여 최초의 역사가 시작되었다. 독일어로 바트(Bad)는 온천이므로, '바트 블루마우'는 블루마우 지역에 온천이 있다는 의미이다.

오스트리아의 건축가이자 화가 프리덴스라이히 훈데르트바서(Friedensreich Hundertwasser)가 설계해 1997년 건축된 로그너 바드블루마우(Rogner Bad Blumau) 호텔은 곡선으로 이루어진 건물의 선과 알록달록하게 칠해진 외벽, 금색 돔, 2400여 개가 넘는 다양한 크기와 모양의 창문은 훈데르트바서의 건축 특징을 잘 나타냈다. 이곳의 건축은 모두 나무와 화초들로 우거져 있고 건물의 지붕은 언덕으로 연결되어 하나의 동산과 같은 형태를 이루었다. 바트 블루마우의 성공 요인은 마을주민과 공생의 길을 걷고 있기 때문이며, 아래와 같은 시사점을 건네준다.

첫째, 바트 블루마우는 버려진 땅을 기회의 땅으로 만들었다.

둘째, 바트 블루마우는 자연의 일부로 자연과 인간의 공존을 실현하였다.

셋째, 바트 블루마우는 블루마우 경제를 움직이는 핵심동력으로 작용하고 있다고 해도 과언이 아닐 정도로 지역경제에 기여하였다.

넷째, 바트 블루마우는 환경을 고려한 지속가능한 개발을 통해 지역경제 활성화에 기여함으로써 지역을 넘어 오스트리아를 대표하는 차세대 랜드마크의 입지를 강화하였다.

PART 02

글로벌 도시 탐구

CHAPTER 01

역사적 전통을 지닌 유럽의 문화도시

01 프라하 _ 배낭여행객이 사랑하는 문화브랜드 도시

1) 개요

프라하(Prague)는 체코공화국의 수도이며, 블타바(Vltava) 강과 가옥이 형성한 중세도시경관, 성곽과 주변 건물이 보여주는 경관이 보존되어 있기 때문에 유럽에서 가장 아름다운 도시 중 하나로 꼽힌다. 오늘날 프라하 지역은 BC 4000년경부터 사람이 거주한 것으로 알려져 있으나 슬라브인이 들어온 것은 5~6세기로 9세기 말 최초로 성곽이 축조되었다. 12세기 중부유럽 최대의 도시의 하나로 발전하였고, 14세기에 카를 4세 때 확장되었다. 오스트리아-헝가리제국의 최대의 공업도시로 성장하였고, 1918년 독립국 체코슬로바키아의 수도가 되었다. 제2차 대전 후 1948년 5월 공산화 혁명과 1968년 1월의 '프라하의 봄'으로 알려진 자유화운동이 소련침입으로 짓밟힌 비운의 역사를 겪었다. 1993년 1월 1일 체코와 슬로바키아로 분리되어 체코공화국의 수도가 되었다. 프라하 역사지구는 중세시대 때 건축학적, 문화적 중심지였던 프라하의 영향력을 잘 나타내고 있고, 1992 유네스코 세계유산에 등재되었다.

2) 핵심 내용

(1) 도시의 상징

① 프라하 역사지구

카를교

프라하 역사지구는 11세기부터 18세기까지 구축된 구시가를 중심으로 하며, 카를 4세 때 세워진 다양한 양식의 건축이 남아 있다. 프라하의 상징 카를교(Kaluv Most, Charles Bridge)를 비롯하여 프라하 성(Prazsky Hrad), 성 비투스 대성당(St. Vitus Cathedral) 등 세계유산에 등재된 건축은 대부분 14세기 신성로마제국의 카를 4세 황제 시대에 축조된 기념물이다.

카를교는 블타바 강에 건설된 18개 다리 중에서 가장 유명한 다리이다. 12세기에 이미 목재교가 같은 위치에 있었으나, 강이 범람할 때 붕괴되어 12세기 중엽 석재교로 대체되었다. 석재교가 강물로 인해 붕괴되었고 1357년 카를 4세 때 건축가 피터 팔레지(Peter Parler)가 재건축하였다. 양쪽 고딕식 탑 사이의 거리는 520m, 너비 10m인 다리 양쪽 난간에 성서에 나오는 75개 형상이 장식되어 있다. 조각상은 같은 시기에 만들어진 것이 아니라 17~19세기 약 200년에 걸쳐 모습을 갖추었다.

프라하 성은 프라하의 야경을 대표하고, 12세기에 로마네스크 양식의 성이 건축된 것이 성곽역사의 시작이라고 한다. 현재의 프라하 성은 14세기 때 카를 4세가 고딕양식으로 건축하였고, 중세 성벽이 둘러싸고 있다. 성 내부에서 대통령 관저의 정문 마티아스 문과 근위병을 볼 수 있다. 성비투스 대성당은 프라하 성 내부에 위치하며, 1344년 카를 4세 때 착공했으나 1929년 완공되었다. 최초의 설계자는 프랑스 출신의 건축가 마티아스(Matthias of Arras)이다. 그가 1352년 죽자 당시 23세의 피터 팔레지(Peter Parler)가 뒤를 이었고, 팔레지 아들과 또 다른 건축가들이 작업을 이어갔다. 성당건축 공사는 후스(Jan Hus)의 종교개혁 때 중단되었다가 재개되었다. 16세기 중엽 르네상스식 첨탑이 완공되고, 17세기에 양파 모양의 바로크식 지붕이 모습을 드러냈다. 1753～1775년 사이에 현재의 신고딕 형태를 갖추었다. 정문 바로 위를 장식한 지름 10.5m의 장미의 창이 인상적이다. 성당 안쪽은 시대에 따라 다양한 기법의 스테인드글라스로 장식되었고, 그 중 가장 유명한 것은 알폰스 무하(Alfons Mucha)가 제작한 아르누보 양식의 작품이다. 성당 지하에는 역대 체코 국왕의 석관묘가 안치되어 있고, 본당 주위에 수호성인 성 바츨라프를 추모하기 위해 세운 예배당이 있다.

② 도시의 기타 상징

프라하는 '프라하의 봄'으로 잘 알려져 있고, 바츨라프 광장(Vaclavske Namesti)은 그 현장이다. 광장은 국립박물관에서 구시청광장으로 이어지는 기다란 길이며, 바츨라프 기마상이 서 있다. 바츨라프는 체코의 영웅으로 칭송되며, 10세기경 보헤미안 기사와 함께 적군을 물리쳤다. 동상 남쪽으로 750m 길게 이어진 길은 우리나라의 명동에 해당하는 곳으로 상점들이 화려한 불빛을 뽐내며 늘어서 있다.

시청사는 구시가지 광장(Stare Mesto)에 위치한 전형적인 고딕양식 건물이며, 건물 벽에 붙어 있는 천문시계로 유명하다. 건물은 제2차 대전 때 파손되고 천문시계가 있는 70m의 탑만 남아 있고, 매 시간마다 정확히 울리는 천문시계는 천동설에 기초한 2개의 원이 나란히 돌아간다.

2개의 원반 위에 있는 천사의 조각상 양 옆으로 창문이 열리고, 좌우 창문으로 크리스트의 12제자가 빙글빙글 돌면서 차례로 모습을 나타냈다가 사라지고 마지막으로 시계 위쪽에 있는 닭이 울며 나팔수가 나타나 나팔을 불며 정각을 알린다. 구시가지 광장은 프라하 시민의 휴식처이자 체코 민족운동의 지도자 얀 후스(Jan Hus)의 동상을 중심으로 빙 둘러 놓여있는 벤치에서 쉬고 있는 사람의 모습을 볼 수 있다. 얀 후스는 보헤미아의 독일화 정책에 저항했으나 1414년 콘스탄츠 공의회에 소환되어 화형에 처해졌다. 얀후스 동상에는 '프라하의 봄'이 끝난 것에 대한 애도의 뜻에서 검은색 휘장이 둘러져 있다.

황금소로(Zlata Ulicka)는 프라하 성에서 내려오는 길에 연결되어 있는 좁은 길이다. 16세기의 작은 집들이 모여 있고, 동화에 나올듯한 허리를 굽히고 들어 갈 수 있을 정도의 작은 집이 다닥다닥 붙어 있다. 원래 이곳은 프라하 성에서 일하던 집사와 하인이 살던 곳이었으나 이후 연금술사들이 모여 살면서 '황금소로'라는 이름이 붙었다. 이곳에는 실존주의의 대표적 작가 프란츠 카프카(Franz Kafka)가 작품을 집필했던 곳이 있다.

(2) 도시의 랜드마크와 스토리텔링

프라하는 천 년에 가까운 역사를 가진 도시다. 프라하의 랜드마크는 블타바 강 위에 놓여 있는 카를교과 구시가지 광장에 있는 천문시계 탑이 있고, 스토리를 간직한 의미 있는 장소이다.

▪ 얀 네포묵 성인과 카를교

얀 네포묵(Saint John Nepomuk)은 프라하에서 가장 존경받는 성인이다. 그는 1393년 왕의 고문을 받아 죽었고 시체는 블타바 강에 던져졌다. 그는 성직자는 '자기가 들은 고해성사 내용을 타인에게 말하여서는 안 된다.'는 약속을 지켜 바츨라프 4세의 명령에 굴복하지 않고 왕비의 고해성사 내용을 밝히지 않은 채, 고문 속에 혀가 뽑히고 강물 속에 던져져 죽임을 당하였다. 카를교에서 가장 많은 사람이 찾는 곳이 이 동상이고, 그가 순교한 자리에 세워졌다. 동상의 받침대에 이야기를 담은 2개의 동판이 있고, 특정 부분을 만지면 소원이 이루어진다는 전설이 전해져 오고 있다. 우측 동판의 윗부분은 얀 네포묵이 다리에서 거꾸로 떨어져 죽임을 당하는 모습의 부조가 새겨져 있고, 아래 부분은 고해성사를 한 왕비의 모습이 새겨져 있다. 좌측 동판은 고해성사를 하는 왕비와 얀 네포묵의 모습이 보이고, 자신에게 변함없이 충직한 사냥개의 머리를 쓰다듬는 기사 모습의 바츨라프 4세가 표현되어 있다.

얀 네포묵 동상에서 오른쪽으로 조금 떨어진 다리 난간에도 성인을 기념하는 동판이 만들어져 있고, 머리 위에 다섯 개의 별이 빛나는 얀 네포묵 성인의 모습을 표현하고 있다. 성비투스 대성당의 중앙제단 우측으로 얀 네포묵 성인의 예배당이 있고, 그 바로 앞에 무게 수 톤에 달하는 은으로 화려하게 장식된 얀 네포묵의 묘가 있다. 대성당의 외부에도 얀 네포묵 성인이 5명의 천사의 인도로 하늘로 올라가는 모습의 석상이 만들어져 있다.

카를교 얀 네포묵 성인 동상

얀 네포묵 성인 동상의 동판

■ 천문시계

천문시계

천문시계 탑은 매시 정각 20초간 진행되는 볼거리와 시계탑 제작에 얽힌 숨은 스토리의 장소이다. 21세기 컬처노믹스 시대의 프라하 명물이 된 천문시계 탑은 도시의 랜드마크가 되어 프라하 경제를 살리는 역할을 하고 있다. 천문시계 탑은 세부분으로 나누어 제작되었다고 한다. 먼저, 시계 제작의 거장 미쿨라슈(Mikulaš)와 카를대학 천문학자 얀 쉰델(Jan Sindel)에 의해 1410년경 중앙부분의 아스트로라비움(Astrorabium)이 제작되었다. 이 부분은 천동설에 바탕을 두고 태양과 달 등 천체의 움직임을 보여주고 연월일과 시간, 일출, 일몰, 월출, 월몰 시각을 알려주기 위해 제작되었다. 80년이 지난 후 1490년 프라하의 천문학자이나 수학자 하누쉬(Hanuš)가 시계탑을 완성하고 프라하 시민에게 계절변화를 알려주기 위해 황도 12궁의 별자리를 제작해 넣었고, 각 절기에 맞춰 농사짓는 농부의 모습을 12절기로 나누어 보여주고, 성인의 이름을 새겨 넣어 성인축일을 알려주는 달력 역할을 하는 캘린더리움을 제작하였다. 이후 17세기에 아스트로라비움과 캘린더리움 양옆에 조각상들이 추가로 제작되었다. 1865~1866년에 12사도의 모습을 보여주는 창문부분이 만들어져 오늘날과 같은 모습이 완성되었다. 천문시계 탑 제작에 얽힌 숨은 스토리와 매시 정각 펼쳐지는 인형의 공연은 모든 방문자를 환영하며 프라하 문화도시브랜딩에 큰 역할을 하였다. 하누쉬가 천문시계 탑을 완성하자 소문이 유럽 전역으로 퍼져갔고, 똑같은 천문시계 탑을 만들어 달라는 제작의뢰가 이어졌다. 프라하 시는 다른 곳에 만들어지는 것을 원치 않았고, 비밀리에 괴한으로 하여금 하누쉬의 두 눈을 찌르게 하여 장님으로 만들어버렸다. 하누쉬가 죽기 전 천문시계를 만져보게 해달라는 간청을 하였고, 그가 천문시계를 어루만지자 얼마 후 시계 작동이 멈추었다. 천문시계는 그가 죽은 후 400년 가까운 기간 동안 움직이지 않았고, 1860년 다시 움직이기 시작했다고 한다. 이곳은 프라하의 문화자산이 되어 오늘도 전 세계에서 사람이 모여든다.

(3) 음악의 도시 그리고 프라하의 봄

프라하는 음악의 도시이기도 하다. 세계적인 음악가 스메타나와 드보르작이 이곳 출신이며, 모차르트는 자기 음악을 가장 잘 이해하는 곳이 프라하라고 말했다. 지금도 프라하 사람들의 음악사랑은 남다르다. 프라하의 봄(Prague Spring)은 2가지 의미를 상징하며, 모두 혹독한 겨울을 이기고 새로운 희망을 추구하는 체코인의 역사와 문화를 상징하고 있다.

① 프라하의 봄

프라하의 봄은 1968년 1월 체코슬로바키아의 새로운 총리가 된 두브체크가 언론, 출판, 집회, 여행, 이주 등의 자유화를 선포하면서 시작되었다. 같은 해 8월 20일 탱크를 앞세우고 프라하로 진군한 소련군의 발포명령과 무자비한 진압으로 학생, 작가, 예술가, 지식인 등 시민의 비폭력 저항운동을 좌절되었다. 1988년 경제위기로 소련의 지배력이 약화되자 1989년 8월 폴란드가 가장 먼저 민주화를 향한 길로 들어섰고, 체코슬로바키아에서도 바츨라프 광장에서 분신한 얀 팔라흐(Jan Palach)의 20주기가 되는 날 1989년 1월 26일 대규모 시위를 계기로 민주화운동이 펼쳐지기 시작했다. 그해 12월 29일 연극작가이며 인권운동가 바츨라브 하벨이 새로운 대통령이 되면서 민주화를 이루어냈다.

② **프라하의 봄, 음악축제**

프라하의 봄은 매년 5~6월 열리는 최대의 음악축제이다. 1968년 체코의 자유주의정권 시대를 이 음악축제에 빗대어 쓴 신문기사 덕분에 체코 자유주의운동의 대명사가 되었다. 프라하는 프라하의 봄을 도시이미지로 살리기 위해 음악가 베드르지흐 스메타나(Bedřich, Smetana)가 세상을 떠난 날인 5월 12일부터 4주간 프라하의 봄, 음악축제를 개최한다. 이 음악축제는 언제나 스메타나의 '나의 조국'으로 시작해서 베토벤의 '합창'으로 끝난다. 체코는 스메타나를 기리기 위해 국민모금으로 1883년 건축된 스메타나극장과 스메타나박물관이 있다, 프라하의 봄의 메인 무대는 블타바 강변에 위치한 프라하의 대형공연장이자 복합공간 루돌피눔(Rudolfinum)이다. 가장 큰 공연장은 1896년 안토닌 드보르작(Antonin Dvořák)이 체코 필하모니 오케스트라를 지휘하여 첫 공연을 한 것을 기념해 드로르작홀로 불린다.

3) 의의

프라하는 배낭여행객이 사랑하는 유럽의 문화브랜드도시이며, 중세 건물로 장식된 아름다운 풍경 때문에 '중세 최고의 도시' 혹은 '백탑의 도시'라고 한다. 유네스코는 시가지 전체를 역사도시로 인정하였고, 세계유산목록에 등재했다. 도시의 상징뿐 아니라, 감동적인 스토리가 간직되어 있는 도시의 랜드마크와 종교와 건축, 음악과 문학과 같은 문화예술 중심의 도시브랜드는 21세기의 세계 최고의 문화도시로 자리매김하는 원동력으로 작용하였다.

프라하는 5월 온 도시를 가득 메운 꽃향기와 함께 프라하의 봄(음악축제)이 열린다. 스메타나와 드보르작을 배출한 국가답게, 체코인의 음악 자부심은 대단하다. 프란츠 카프카와 밀란 쿤데라로 대표되는 문학전통은 체코가 동구의 작은 울타리에서 존재한 것이 아니라 동유럽과 중부

유럽을 넘어 유럽 전역 더 나아가 전 세계의 대표적인 문화예술도시임을 보여주고 있다.

프라하는 도시브랜드 가치가 국가브랜드 가치를 넘어설 정도로 전 세계의 사람들을 불러들려 도시경제를 살리고 더 나아가 국가경제를 살리는 시티노믹스 시대의 대표적인 도시이다.

02 리스본 _ 옛 영광을 재현한 역사가 살아있는 문화도시

1) 개요

리스본(Lisbon)은 유럽 대륙의 최서단지역인 이베리아반도에 자리 잡고 있는 포르투갈의 수도이자 15세기에 대항해시대를 맞이해 잇따른 신대륙발견으로 최고의 전성기를 누린 역사도시이다. 리스본은 그리스 신화의 영웅 오디세우스가 건설했다는 전설 속의 도시 올리시포(Olisipo, 오디세우스의 도시)로 알려져 있고, 현지어로 리스보아(Lisboa)라고 한다. 리스본은 테주(Teju) 강 하구에 BC 12세기경 건설되었고, 테주 강은 강 하구 폭이 11㎞에 달하고 대서양과 면해 있어 해양문화 발달에 적합한 여건을 갖추었다. 역사적으로 해양문화라는 의미를 등장시킨 페니키아인이 최초로 도시를 건설한 후 그리스, 카르타고, 로마, 서고트족 및 이슬람교도가 이곳을 무대로 대서양문화의 꽃을 피웠다.

리스본은 1243년 아퐁소 3세 때 수도로 정해져 대항해의 도시로 변모한다. 해양왕 엔리케(엔히케, Henrique)의 등장과 바스코 다가마(Vasco da Gama)의 인도항로 발견을 계기로 16세기에 전성기를 맞이했고, 제로니무스 수도원(Monastery of the Hieronymites), 벨렘탑(Tower of Belem), 신트라 왕궁(Palacio Real)을 통해 마누엘(Manueline) 양식이 유행한다.

1755년 11월 1일 발생한 '리스본 대지진'을 겪고 잿더미로 변한 것을 18세기 후반 폼발후작(Marques de Pombal)이 복원하였고, 지진피해에서 벗어난 구시가지와 신시가지가 공존한다. 제로니무스 수도원과 벨렘탑(1983), 신트라의 문화경관(1995)은 각각 유네스코 세계유산에 등재되어 있다.

2) 핵심 내용

(1) 도시의 상징

① 리스본

리스본은 포르투갈을 남북으로 가르며 흐르는 테주강의 하구에 위치하며, 대항해시대의 중심도시로 전성기를 누렸다. 1755년 포르투갈 역사상 최대 참사였던 리스본 대지진으로 인해 중세도시 유적이 파괴, 소실되었고, 폐허 자리에 새로운 도시계획에 의한 신시가지가 조성되어 현재의 도시경관을 갖추었다. 시가지는 동서 2개 지역으로 구분되어, 동부는 구시가지로 본래 페니키아인과 로마인이 세운 고대유적지가 있는 지역이며, 서부는 신시가지로 1998년 해양박람회이후 테주강 북부지역으로 시가지가 확장되었다. 구시가지는 대지진이후 건설된 리스본 중심지와 동부지구, 벨렘지구 등 세 지역으로 구분된다. 리스본 중심지는 에두아르두 7세의 공원을 시작으로 폼발후작 광장, 리베르다데 대로 및 코메르시우 광장까지 남쪽으로 뻗은 관광의 중심축을 이루며, 동부지구는 대지진 때 파괴되지 않아 옛 모습을 간직한 상 조르제 성(Castelo Sao Jorge)과 정문입구 위 스테인드 글라스 '장미의 창'이 돋보이는 리스본 대성당(Se Catedral de Lisboa)이 위치한다. 벨렘지구는 제로니무스 수도원과 대항해시대의 중심지 벨렘탑, 발견기념비(Padrao dos Descobrimentos) 부근이다.

리스본 대성당

제로니무스 수도원

벨렘탑

제로니무스 수도원은 마누엘 1세(Manuel Ⅰ)가 대항해의 선구자 엔리케(엔히크)의 위업을 칭송하고, 바스코 다 가마의 항해를 기념하기 위해, 엔리케 왕자가 지은 예배당 자리에 16세기 초 마누엘 양식으로 건축한 수도원이다. 마누엘 양식은 후기 고딕과 르네상스 사이 1490년부터 1540년까지 약 50년간 지속되었고, 포르투갈에서 마누엘이란 명칭을 사용한다. 서양 건축사나 미술사에서 고딕양식의 후기변형으로 간주되는 경향이 있다. 특징은 비틀림 기둥과 밧줄을 모티브로 하는 장식, 신비주의적 상징체계, 국가의 문장 등장, 자연주의적 장식, 8각 기둥이 있고, 이슬람풍의 분위기도 드러나 있다. 내부에 바스코 다 가마와 루이스 데 까몽이스(Luis de Camoes)의 석관이 놓여 있다. 한 변이 55m인 회랑을 가진 아름다운 안뜰이 유명하며, 석회암을 사용해 치밀한 조각을 한 2층 건물로 아치가 우아하고 섬세하다.

벨렘탑은 16세기 초 마누엘 양식의 멋진 테라스를 가진 건축물로 귀부인의 드레스 자락을 펼치고 있는 모습을 비유해 '테주 강의 귀부인'이라고 불린다. 하얀 나비가 물 뒤에 앉아 있는 것처럼 보이는 마누엘 양식의 3층 건축물로 원래 물속에 세워졌으나 테주 강의 흐름이 바뀌면서 물에 잠기지 않게 되었다. 바다와 강이 만나는 지점에 서 있는 3층은 과거 왕족의 거실로 16~17세기 가구가 전시되어 있고, 2층은 대포 자리로 항해의 안전을 수호하는 '벨렘의 마리아 상'이 서 있다. 1층은 스페인 지배시대부터 19세기 초까지 정치범을 투옥한 물속 감옥으로 사용되었다.

② 신트라

신트라왕궁

신트라(Sintra)는 리스본 북서부 28㎞에 위치한 곳으로 왕궁과 무어인의 성채(Castelo dos Mouros), 페나궁전(Palacio da Pena) 등 경관이 세계유산에 등재되었다. 왕궁은 올드타운 중심으로 원추형 굴뚝이 높이 솟아있고 16세기 마누엘 1세가 증축한 건축양식이 남아 있다. 이곳은 14세기부터 1910년 공화제 출범으로 왕정이 폐지될 때까지 역대 왕가의 여름 별궁으로 사용되었다. 무어인의 성채는 8-9세기 무어인이 세운 성터이며, 페나궁전은 해발 500m에 위치한 동화 속 궁전과 같은 건물로 왕가의 마지막 별장이다. 르네상스 이후에 지어진 건물이지만 마누엘 양식을 따르고 있기 때문에, 고딕, 이슬람, 르네상스, 마누엘 등 여러 양식이 혼합된 분위기이다.

(2) 대항해 시대의 도시브랜드화

① 대항해시대를 상징하는 도시브랜드, 발견기념비

엔리케 왕자의 500주기를 기념해 바스코 다 가마가 항해를 떠난 자리에 세워진 높이 52m의 기념물이다. 항해중인 범선의 모습과 함께 많은 인물 조각상이 줄지어 있고, 맨 앞 뱃머리의 엔리케를 시작으로 천문학자, 선교사, 선원 등 공헌한 인물이 이어진다.

발견기념비

▪ 엔리케 왕자

엔리케 왕자(Infante Dom Henrique, Duque de Viseu)는 항해왕으로 널리 알려져 있고, 포르투갈 아비스 왕가의 왕자(Infante)이며 포르투갈 제국 초창기의 주요 인물(1394~1460)이다. 아비스 왕가의 시조 포르투갈의 주앙 1세의 셋째 아들로 1415년 북아프리카의 회교도를 공격해 공을 세웠고, 1418년 이후 아프리카 서해안에 많은 탐험선을 보내 항로개척을 지원하여 인도항로를 발견할 수 있는 기초를 마련하였고, 19세기 독일 지리학자들이 항해왕(the Navigator)이라는 별명을 붙여주었다.

▪ 페르디난드 마젤란

페르디난드 마젤란(Ferdinand Magellan)은 16세기 초 포르투갈 출생의 항해가(1480~1521)이다. 인류 최초의 지구일주항해의 지휘자로서 마젤란해협과 태평양, 필리핀, 마리아나제도 등을 명명하였다.

▪ 바스코 다 가마

바스코 다 가마(Vasco da Gama)는 포르투갈의 항해자(1469~1524)이다. 마누엘 1세의 인정을 받아, 70년에 걸친 인도항로 발견을 성취하였다.

이슬람과 힌두 연합함대의 반격을 격파하였고, 인도무역 독점의 기초를 다졌다. 백작의 작위를 받고, 국왕의 인도정책 고문 역할을 하였다.

▪ **루이스 데 카몽이스**

루이스 데 카몽이스(Luís Vaz de Camões)는 리스본 출생의 시인(1524~1580년)이다. 그가 불후의 이름을 남기게 된 것은 <우스 루지아다스>이며, 인도항로 발견과 바스코 다 가마의 첫 번째 원정을 축으로 한 극적인 줄거리를 부각시켜 포르투갈의 역사와 신화를 엮어 그 영웅적 위업을 높이 찬양하는 애국적 대서사시이다.

② 유럽대륙의 끝, 호카곶

카보 다 호카(Cabo da Roca)는 유럽 최서단에 위치한 땅끝마을로 해발 140m의 수직 단애를 이루는 곶으로 38° 47' N, 9° 30' W에 위치한다. '카보 다'는 '곶'을, '호카'는 '암석'을 의미하므로 암석으로 된 곶이라는 뜻이다. 카몽이스는 이곳을 '땅이 끝나고, 바다가 시작되는 곳'이라고 표현했고, 기념비와 등대가 서 있다. 관광안내소에서 유럽의 서쪽 끝을 방문했다는 기념을 위한 증명을 발급한다.

카보 다 호카기념비

(3) 문화예술과 이벤트

빵과 카스텔라는 포르투갈 음식문화의 산물이며, 따봉(최고, 좋다)과 우루사(곰)도 포르투갈어로 오래전부터 우리에게 친숙히 다가와 있다. 리스본은 포르투갈의 전통민요 파두를 들을 수 있는 파두 페스티벌(Festa do Fado)이 6월 다채롭게 펼쳐진다. 파두(Fado)는 '숙명' 이라는 뜻이며 의미만큼 어두움을 특징으로 하고, 멜로디도 명랑한 칸초네이나 멋스런 샹송에 비해 우수와 슬픔에 가득 차 있다. 16세기 말 브라질을 중심으로 형성되었고, 식민지의 아프리카 흑인의 멜로디가 토착민 인디오의 멜로디와 합성되어 포르투갈로 역수입되었다.

성 안토니오 축제(Festa Do Santo Antonio)는 6월 열리는 리스본 최대의 축제이다. 성 안토니오의 축일(6월 13일)을 기념하여 전야제가 개최되고, 알파마, 바이샤, 벨렘지구 등 지구별로 퍼레이드가 진행된다. 6월 내내 축제의 상징 '물고기 그림'으로 집과 마을을 꾸며지는 것이 특징이다.

축구에 대한 리스본의 관심은 열광에 가깝고, 축구는 인생역전의 유력한 프로그램의 하나로 생각된다. 알쿠셋(Alcochete)은 리스본 스포르팅 클루브 드 포르투갈(Sporting Clube de Portugal)의 경기장이다.

3) 의의

리스본은 2004년 유럽의 문화도시로 선정되었고, 대항해시대의 대표도시로서 여전히 옛 향취를 간직하고 있다. 리스본은 EU의 유럽마약감시센터(EMCDDA)와 유럽해양환경청(EMSA), 포르투갈어 사용국 공동체의 본부가 위치해 있는 국제도시이다. 리스본은 스페인 마드리드나 바르셀로나에 비해 덜 알려져 있는 것이 사실이다. 바스코 다가마가 인도항로를 발견했다는 사실을 기억하고 있지만 스페인 후원으로 아메리카를 발견한 콜럼버스의 역사적 사건에 비해 가려져 있고, 포르투갈은 대항해시대를 열었으면서도 늘 뒤늦게 떠오르는 나라로 남아있다. 리스본은 뚜렷한 도시특색을 갖고 있다.

첫째, 리스본은 세계 최고의 기회와 최악의 고난을 겪은 대표적인 도시이다. 리스본은 지정학적 위치에서 지중해와 북해를 연결하는 무역의 중계지로서 발전했고, 1498년 바스코 다가마의 인도항로개척에 힘입어 최고 도시로 번영을 누렸다. 리스본은 대항해시대의 중심도시였으나, 1755년 대지진은 도시전체의 2/3이 파괴하였다. 이후 리스본은 시가지를 바둑판 모양으로 구획하고 가옥배열도 통일해 새로운 근대도시로 설계되었고, 구·신시가지가 조화를 이루는 현재의 문화경관을 갖게 되었다.

둘째, 리스본은 국민의 대다수가 가톨릭을 믿는 도시답게, 크리스트교와 관련된 중세유적이 잘 보존되어 있다. 발견기념비는 도시 상징을 대표하며, 이곳이 도시를 소개할 때 다른 곳보다 항상 우위를 점하는 것은 리스본의 전성기를 상징하고 미래 비전을 제시하기 때문이다.

우리나라와 포르투갈은 지정학 위치와 환경이 차이가 있다. 호카곶은 '유럽의 땅 끝'이란 의미에서 오래전부터 유럽인이 찾는 관광명소이고, 우리나라의 해남 땅 끝 마을이나 마라도에 세워진 기념비도 동일한 맥락에서 의의를 찾을 수 있다.

03 슬로베니아의 류블랴나와 소도시들 _ 문화와 자연경관이 아름다운 도시

1) 개요

류블랴나(Ljubljana)는 발칸반도 북서부에 속한 슬로베니아(Slovenia)의 수도이며, 슬로베니아는 아드리아해에 연해 있어 아름다운 소도시를 보유하고 있다. 슬로베니아는 요시프 티토(Josip Tito)가 사회주의이념 아래에 만든 유고슬라비아사회주의연방공화국에 속하였으나, 1980년 그의 죽음과 80년대 말 사회주의 종말로 1992년 유고연방이 해체되면서 내전을 거쳐 독립하였다. 유고연방은 과거 세르비아(Serbia), 크로아티아(Croatia), 슬로베니아, 마케도니아(Macedonia), 몬테네그로(Montenegro), 보스니아-헤르체고비나(Bosnia-Herzegovina) 등 6개공화국과 보이보디나(Vojvodina)와 코소보(Kosovo) 2개 세르비아 자치주로 구성되었다.

슬로베니아는 서쪽 이탈리아, 북쪽 오스트리아와 헝가리의 영향을 받았고, 유고연방에 속한 국가와 복잡한 영향관계에 놓여 있다. 베니스와 합스부르크 영향을 포함해 문화의 다양성을 형성했고, 도시는 이런 특징이 혼재해 있다. 류블랴나는 류블랴니차강(Ljubljanica) 하구에 위치하며, 6세기 경 슬로베니아인이 정착해 도시기반을 형성했다. 1144년 류블랴나 성(Ljubljanski grad)이 건설되고, 15세기부터 합스부르크 왕조가 통치하면서 '화이트 류블랴나'란 별칭을 얻었다.

크란(Kranj)과 블레드(Bled)는 북서부의 관광휴양도시이다. 크란은 류블랴나에서 북서쪽 약 20㎞ 떨어져 있고, 아드리아해와 동유럽을 잇는 교차로에 자리 잡았다. 국민 영웅 프레세린이 사망한 곳이어서 슬로베니아인의 마음의 고향과 같은 곳이다. 블레드는 과거부터 서유럽에서 즐겨 찾는 휴양도시이다.

피란반도(Piran)와 코페르(Koper)는 남서부 아드리아해, 지중해북부 이탈리아반도와 발칸반도 사이의 좁고 긴 해역에 위치한 자연과 역사문화가 교차한 도시이다. 피란반도는 BC 178~177년 로마제국에 통합된 후 비잔틴제국지배와 신성로마제국 일부로 요새화된 도시지만 푸른 바다에 관광객이 붐비며, 코페르는 이탈리아 트리에스테와 마주한 이스트리아 반도 북서쪽 끝 슬로베니아 최고의 무역항이다.

2) 핵심 내용

(1) 도시의 상징

① 류블랴나

도시 상징은 류블랴나성이며, 이외에도 유럽도시에서 흔하게 볼 수 있는 프레세린광장과 기념동상 그리고 류블랴니차강을 사이에 두고 놓여있는 다리, 중세도시로서 의미 있는 류블랴나대성당 등이다. 류블랴나성은 어디서나 잘 보이지만 월계수 잎을 들고 있는 뮤즈동상 아래 낭만파 시인 프란체 프레세린(France Preseren)이 서있는 프레세린광장(Prešernov trg square)과 트리플브리지(Triple Bridge)에서 올려다보는 모습이 잘 알려져 있다. 이 광장에는 눈에 잘 띄는 핑크색 성당, 프란치스코 수태고지 교회(Franciscan church of the annunciation)가 17세기 중반 같은 자리에 있던 오래된 성당을 대체해 세워졌다. 성곽은 방어요새로 건설되었으나 방어목적이 사라진 16세기경부터 영주의 거성이 되었고, 19세기부터 역사박물관으로 활용되고 있다. 퓌니퀼레르가 놓여있고, 중세요새에 들어온 듯하다.

류블랴나성

프레세린광장

도시는 류블랴니차강을 두고 좌우로 구분되며, 류블랴니츠강 위에 3개의 석교가 붙어서 한 개의 다리를 이루는 트리플브리지가 놓여있다.

트리플브리지는 1929년 현재 형태로 바뀌었고, 강 아래 쪽을 아다미체 룬데르 제방길(Adamič-Lundrovo nabrežje), 위쪽을 페트코브색 제방길(Petkovšek nabrežje)이라고 하며, 아다미체 룬데르 제방길 주변은 아케이트와 시장으로 활용된다. 푸줏간다리(Mesarski most, butcher's bridge)는 중앙시장과 페트코브색 제방길을 연결하며, 입구에 인간에게 불의 사용을 알려준 죄로 벌 받아 육체 장기가 해체된 처참한 모습으로 표현된 프로메테우스동상과 난간에 많은 자물쇠가 걸려 있다. 제방길 반대편 용의 다리(Zmajski most, Dragon Bridge)는 1901년 프란츠요세프 1세 기념하는 다리로 세워졌으나 1919년 현재 이름으로 바뀌었다. 성니콜라스대성당(Cerkev sv. Nikolaja)은 1706년 완성된 돔과 높이 24m의 좌우 첨탑을 갖춘 바로크식 성당이다. 슬로베니아 문(정문)은 슬로베니아독립을 인정해준 교황청에 대한 감사 표현에서 요한바오로2세 모습이 부조되어 있다.

푸줏간다리

루블랴나대성당 슬로베니아문

② **크란과 블레드**

크란과 블레드는 각각 문화도시와 휴양도시를 대표한다. 크란은 슬로베니아 국가로 유명한 시 축배의 저자 프레세린의 생가, 시청, 대성당이 상징이다. 블레드는 피란에서 멀지 않은 곳에 위치하며 율리안 알프스와 카라반케산맥으로부터 뻗은 봉우리, 빙하활동으로 형성된 둘레 6km

의 작은 호수 블레드호수와 그 위 블레드 성은 서유럽에서 인기 있는 관광휴양도시이다. 블레드 호수는 알프스만년설이 녹은 물이 흘러 만들어졌고, 나룻배 플레타나(Pletana)를 타고 들어가는 블레드 섬은 99개 계단을 오른 후 성모마리아승천성당을 만날 수 있고, 종탑에 '종을 울리면 소원이 이루어진다.'고 하는 소원의 종이 있다.

블레드호수

블레드섬 성모마리아승천성당

③ 피란반도와 코페르

피란반도는 남쪽 크로아티아, 동쪽 코페르와 인접해있고, 트리에스테만과 아드리아해를 가로질러 이탈리아를 마주한다. 피란은 '작은 베니치아'라고 할 정도로 베니스와 닮아 있다. 이곳은 빽빽이 늘어선 15세기 베니스 고딕양식의 조밀한 주택과 소로, 트리에스테만 자연경관을 볼 수 있는 언덕 위쪽에 자리 잡은 성 유리아(SV. Jurija) 성당과 종탑, 성벽, 타르티니광장과 시청이 알려져 있다. 1344년 세워진 성당은 수호성인 '성조지'를 기념하며, 종탑은 베니스 산마르코종탑을 닮은 형태로 정상에 미카엘천사상이 놓여져 있다. 피란 시청은 13세기 베니스에 의해 고딕양식으로 최초 건축된 것을 합스부르크지배 때 1870년대 르네상스양식으로 개축하였으나, 정면에 '날개달린 사자'가 있어 약 5세기 동안 베니스지배를 받은 아드리아해의 '작은 베네치아' 임을 알 수 있다. 코페르는 이탈리아 트리에스테와 마주해 이스트리아 반도 북서쪽 끝 무역항이다. 로마시대를 거쳐 10～12세기 아드리아 해의 도시와 함께 발전했으나 1276년부터 1797년까지 베니스에 복속되었다. 1516년 만들어진 성문, 대성당과 종탑, 베니스지배 때 만들어진 궁전(Pretorska palača)에서 베니스풍 고딕양식과 '날개달린 사자'를 확인할 수 있다.

피란 시청사와 종탑

코페르 종탑

(2) 도시의 기타 상징

① 성곽과 퓌니퀼레르

퓌니퀼레르(Funicular)는 '밧줄의 힘으로 궤도를 오르내리는 산악 교통 수단'에서 유래하였고, 초기에 댐 기술자들을 실어 나르는 용도로 사용되었다. 유럽 도시는 성곽이 요새화된 도시가 많기 때문에, 슬로베니아의 류블랴나성의 퓌니퀼레르도 도시를 상징한다. 헝가리 부다페스트, 크로아티아 자그레브 성마르코성당 그리고 캐나다 퀘벡주 퀘벡시티의 퓌니퀼레르 등이 대표적이다.

② 종탑과 상징물

베니스공화국은 이탈리아 북부 베니스를 중심으로 한 도시국가로 8세기부터 1797년까지 약 1,000년 동안 독자적인 공화정 정부를 갖추고 지중해무역을 독점하였다. 베니스는 석호 위에 지어진 도시와 마르코 성인의 표식 '사자상'으로 잘 알려져 있다. 베니스의 종탑과 사자상은 슬로베니아의 크란과 코페르, 크로아티아 로비니(Rovinj), 몬테네그로 코토르(Kotor) 등에서 찾아볼 수 있다.

피란 시청사 사자상

코페르 사자상

③ 문화축제와 이벤트

슬로베니아는 발칸반도 서북쪽 끝이라는 지리적 위치에서 게르만, 라틴, 남슬라브 문화요소가 교차한다. 슬로베니아인은 남슬라브족 계통민족에 속하지만, 문화적으로 주변의 이탈리아문화와 오스트리아의 게르만문화 사이 접점에 자리해 있었던 까닭에, 음식, 의복, 결혼과 출생, 풍습 및 축제 등 문화에서 기존의 슬라브족 전통과 다르다. 유고연방에 속한 국가 중 가톨릭이 가장 강하며, 류블랴나는 매년 여름, 국가의 중요행사 '류블랴나 국제여름축제'가 열리며, 길거리나 갤러리에 각종 음악회와 전시회가 진행된다. 블레드성에는 11월초 중세기사캠프축제가 열린다.

3) 의의

슬로베니아는 2004년 5월 폴란드, 체코, 슬로바키아, 헝가리 등 동유럽국가와 발틱 3국과 함께 EU가입에 성공하였고, 비약적인 경제발전과 정치적 민주화를 토대로 자본주의를 받아들인 동유럽 국가 중 2007년 1월 가장 먼저 유로존(Euro zone)에 가입함으로써 분명한 유럽국가 일원으로 자리매김했다. 류블랴나는 '작은 프라하'라고 불릴 만큼 아름다움을 갖고 있어 매년 많은 관광객이 찾는다. 중세이후 유럽도시는 시장, 성벽, 성당을 구성요소로 하여 도시중심에 광장과 시장을 세웠고, 부근에 시청과 성당이 우뚝 솟아 있는데 이곳 역시 공통적이다. 유럽 열차노선에서 류블랴나는 이탈리아 트리에스테(3시간), 오스트리아 잘츠부르크(4-5시간), 오스트리아 빈(6시간), 크로아티아 자그레브(2-3시간)로 연결되고, 류블랴냐 브르니크(Brnik) 국제공항과 많은 유럽도시와 논스톱으로 연결된다.

슬로베니아는 아드리아 해 일부를 제외하면 국토 대부분이 산악인데, 이탈리아 북동부에서 슬로베니아까지 이르는 '율리안알프스'를 지붕 삼아 아름다운 도시가 형성되었다. 블레드는 알프스 만년설이 녹아 생긴 블레드 호수와 호수 가운데 블레드 섬, 이곳에서의 가벼운 휴양과 자전거여행이 잘 알려진 자연경관이 아름다운 도시이다. 아드리아 해에 연한 도시 피란과 코페르는 '황금사자의 도시' 이탈리아 베니스 영향이 뚜렷하다.

슬로베니아는 역사적으로 여러 문명이 교차했던 지역으로 다양하고 풍부한 문화적 요소를 자랑하거나 자연경관이 풍부한 도시가 존재한다. 도시에는 멀리 로마제국으로부터 중세시대, 베니스공화국, 유고연방에 이르기까지 다양한 문화를 공유한 경관을 형성했고, 유교연방 탈퇴이후는 정치안정과 경제적 성장을 도모하면서 서유럽과 교류를 확대해 새로운 도시브랜드화에도 집중하였다. 남슬라브족의 나라 중 가장 가톨릭 영향이 강해 발전하는 문화도시, 규모는 작지만 자연경관이 아름다운 휴양도시 그리고 이색적인 관광도시의 이미지를 브랜딩하고 있다.

CHAPTER 02

이색적인 유산을 보유한 문화도시

01 부다페스트 _ 유럽과 아시아가 공존하는 문화유산 도시

1) 개요

부다페스트는 헝가리 평야의 북서부, 도나우 강 양안에 걸쳐 있고, 부다(Buda)와 페스트(Pest)로 이루어져 있다. 부다페스트의 최초 도시형성은 로마인에 의해 이루어졌고, 헝가리 민족을 구성하는 마자르인은 이 지역에 거주한 유럽인을 서쪽으로 밀어내면서 895~896년경 헝가리 영토를 정복했다. 14세기경 부다가 수도가 되었고, 페스트도 상업의 중심지로 발전하였다.

부다페스트는 유럽에 위치하지만 독자 언어와 문화를 배경으로 하여 동양적 요소를 갖고 있다. 부다페스트의 다뉴브 강연안과 부다 성은 1987년 세계유산에 등재되었고, 2002년 언드라시 거리와 밀레니엄 지하철을 포함해 확장되었다. 유산 명칭은 부다페스트의 도나우 강변과 부다 성, 언드라시 애비뉴(Budapest, including the Banks of the Danube, the

Buda Castle Quarter and Andrássy Avenue)이며, 세계유산위원회는 부다페스트의 고딕 성곽과 기념물이 헝가리의 시대별 건축양식에 영향을 준 것과 도시경관이 헝가리 역사를 잘 간직하고 있는 것을 선정 배경으로 하였다. 19세기 후반 헝가리 건국 1천년 기념의 일부로 지어진 언드라시와 지하철은 산업화 도시의 유산적인 가치가 높이 평가한 것이다.

2) 핵심 내용

(1) 도시의 상징

서울이 한강이 남북으로 흐르면서 도시가 형성된 반면, 부다페스트는 도나우 강을 사이를 동쪽 페스트와 서쪽 부다로 구분하여 발달했다. 1873년 합쳐져 부다페스트라는 이름을 갖게 되었고, 1849년 최초 개통된 세체니 다리(Széchenyi Lánchíd)를 비롯한 여러 교각이 놓여 있다.

① 다뉴브 강연안과 부다 주변

부다는 1361년 헝가리의 수도가 되었으며, 이런 배경에서 왕궁의 언덕과 겔레르트 언덕이 강기슭까지 뻗어 있고, 어부의 요새(Halaszbastya)와 마티야슈 교회(Mátyás Templom) 등 사적이 많다.

부다 왕궁(Kiralyi Palota)은 15세기 헝가리의 황금시대를 시작한 마티야슈 1세 때 르네상스 양식으로 화려하게 건축되었으나 1541년 오스만과의 전쟁과 1686년 십자군 전쟁을 겪으면서 파괴되었고 17세기 합스부르크 왕가 때 재건되었다. 현재 모습은 19세기 화재와 2차례 세계대전 때 일부 파괴된 것을 1950년대에 보수한 것이다. 겔레르트 언덕(Gellert hegy)은 해발 235m의 바위산이이며 서울 남산처럼 부다페스트 시내를 조망할 수 있는 곳이다.

어부의 요새는 왕궁언덕 북쪽 마티야슈 교회 후면에 위치하여, 1890년 헝가리 건국 1천년을 기념하여 마티야슈 교회를 설계한 슐레크(Frigyes

Schulek)에 의해 1902년 완성되었다. 7개의 탑은 마자르 7부족을 상징하며, 고깔모자를 뒤집어 놓은 것 같은 뾰쪽한 지붕이 특징이다. 유래는 19세기 어부들이 적군의 공격을 막는 요새로 사용했다는 설과 어부의 요새가 위치한 언덕에 어부 조합이 있었다는 설이 있다. 헝가리 최초의 국왕 성 이슈트반을 기념하는 기마상이 세워져 있다. 마티아슈 교회는 13세기 중엽 로마네스크 양식으로 건축된 후 14세기 때 고딕양식으로 재건축되었다. 16세기 오스만 침입 때 모스크로 사용되기도 했으나 투르크 지배가 끝난 후 18세기 교회로 복원되었고, 중세성당 잔해가 발굴된 19세기에 고딕양식 건물이 다시 세워졌다. 마티아슈 1세의 이름을 따서 붙여졌고, 역대 헝가리 왕들이 대관식을 올린 곳이다.

어부의 요새

마티아슈 교회

② 페스트 지역

페스트는 13세기 이후부터 도시 특성을 갖추기 시작해 중세이후 상업과 예술의 중심지로 성장했다. 페스트에는 시가지, 쇼핑가, 국회의사당(Orszaghaz), 성 이슈트반 교회(Szent Istvan Bazilika), 영웅광장(Hosok tere), 국립미술관, 극장, 시립공원 등이 있고, 환상과 방사상도로가 놓여 있다.

국회의사당은 도나우 강변의 네오고딕 양식의 궁전 같은 건물이다. 건국 1000년을 기념해 1884~1902년에 건축되었다. 뾰족 지붕이 하늘을

찌를 듯이 서 있고, 건물 벽은 헝가리 통치자 88명의 동상이 세워져 있다. 건물 내부는 691개의 방이 있고 앞의 광장에는 헝가리의 영웅인 코슈트 러요시(Kossuth Lajos)와 라코치 페렌츠 2세(Rakoczi Ferenc II)의 동상이 세워져 있다.

성 이슈트반 교회는 헝가리 초대 국왕 이슈트반을 기리기 위해 건국 1,000년이 되는 1851~1906년에 세운 교회이다. 교회 탑은 96m로 도시에서 가장 높고, 이 숫자는 헝가리의 건국 해인 896년의 96을 의미한다. 네오 로마네스크 양식의 건물로 성 이슈트반의 오른쪽 손을 황금성물안에 보존하고 있다.

영웅광장은 국가 행사가 열리는 곳으로 건국 1천년을 기념하여 1896년 완공되었다. 이곳은 1956년 헝가리 혁명의 중심지가 된 곳이며, 광장 중앙에 36m 높이의 석주로 되어 있는 기념비가 서있고, 중앙 위쪽은 가브리엘 수호천사상이 서있고, 기단 받침대에 마자르족의 아라파드 족장과 부족장들의 기마상이 배치되어 있다. 반원을 그린 기둥 사이에 성 이슈트반과 마티아슈 1세 등 헝가리의 위인과 헝가리의 독립을 위해 싸운 코슈트 러요시와 라코치 페렌츠 2세 등 지도자상이 배열되어 있다. 광장 정면으로 1872년 건설되기 시작한 총길이 2.3㎞의 대로 언드라시 거리가 뻗어있다.

국회의사당

영웅광장

③ 도시의 기타 상징

부다페스트는 로마시대부터 이어진 오랜 역사를 볼 수 있는 아쿠인쿰(Aquincum), 근대 도시 확장을 위미하는 언드라시 거리와 밀레니엄지하철 그리고 유럽의 온천을 기타 상징으로 확인할 수 있다.

아쿠인쿰은 로마제국 판노니아 속주의 북동쪽 끝에 위치해 있던 고대 도시이며, 오늘날 헝가리 수도 부다페스트의 오부다 지역이다. AD 160년경에 건축된 로마시대의 유적으로 수용 인원이 6천명이나 되는 거대한 원형극장이 남아있다.

언드라시 거리는 건설을 추진한 언드라시 수상의 이름을 따서 명명되었다. 파리의 샹제리제 거리를 모델로 플라타너스를 나란히 심어놓았고, 세체니 다리 끝에서 페스트 지구의 시민공원까지의 거리이다. 언드라시는 국립오페라극장 등 명소가 즐비하고 각국 대사관도 밀집한 곳이기 때문에 '페스트의 브로드웨이' 라고 불린다. 거리 밑으로 유럽 대륙 최초의 지하철, 위로 성이슈트반 대성당, 영웅광장, 세체니온천, 리스트 음악원 등이 있다. 밀레니엄 지하철은 영국런던과 터키 이스탄불에 이어 세계에서 세 번째로 개통되었다. 지멘스와 할스케(Siemens and Halske) 회사에 의한 유럽 대륙 최초의 지하철이며, M1 라인으로 통칭된다. M은 지하철을 뜻하는 메트로(Metro)의 약자이다. 출발지 뵈뢰스마티(Vörösmarty) 역은 1896년 완공되었고 페스트의 언드라시 거리를 지나 영웅광장까지 연결된다.

헝가리온천의 기원은 약 2,000년 전 고대 로마인이 로마식 공중목욕탕을 지을 때로 거슬러 올라간다. 16, 17세기에 걸쳐 이 땅을 지배했던 오스만의 터키인이 발전시켰다. 미네랄이 풍부한 광천수가 솟아나오는 곳이 전국에 135개소나 되고 온천마다 각기 다르고 뛰어난 효능을 가지고 있다. 부다페스트는 크고 작은 온천이 100개가 넘고, 건강유지와 치료목적 외에 사교장소로 인기가 높고, 특히 세체니 온천은 페스트지구에 처음 지어진 20세기 초의 대규모온천이다. 내부는 대리석 기둥이 아름다운 로마식이지만, 외관은 네오바로크 양식 건물이다. 수영복을 착용하며 야외 온천에서 남성들이 체스를 즐기는 풍경은 온천의 명물이다. 루더시(Rudas) 온천은 도나우 강가의 오래된 건물로 1579년 오스만이 건설했으나 19세기 말 다시 지어졌다.

(2) 민족과 예술문화

① 마자르족

마자르족은 아시아 인종에 속하지만 헝가리로 진출하였고, 여러 게르만계 민족에게 둘러싸여 인종의 섬을 이루고 있다. 헝가리는 천년 동안 해결하지 못한 것이 있는데, 자기들이 동양과 서양 어느 쪽에 속하는가 하는 것이다. 헝가리인 대부분이 서구화된 것은 사실이지만, 우랄알타이어족 출신인 동양 요소를 자기들만이 하사받은 보너스라고 생각하는 자부심을 갖고 있다. 외모는 게르만족과 슬라브족과 함께 살면서 일반적인 유럽인과 차이가 없고, 마자르족 외형을 지닌 사람은 극히 적다.

② 음악과 예술의 공간

부다페스트는 오래전부터 세계적인 음악가가 즐겨 찾는 도시였다. 헝가리 출신 프란츠 리스트(Franz von Lisz) 이외에 베토벤과 브람스가 머물렀고, 요한슈트라우스, 바그너, 드보르작 등 세계적인 음악가가 아름다운 연주를 했던 아름다운 천정화가 그려져 있는 비가도(Vigadó)가 있다. 비가도는 '기쁨을 주는 곳' 이란 뜻이며, 제2차 대전 때 파괴된 것을 1970년대 들어 복원공사 후 1980년 재개관했다.

부다페스트의 민속음악은 유럽의 전통음악 흐름 속에서도 세계적으로 주목을 받았다. 리스트의 헝가리 광시곡을 비롯하여 브람스의 헝가리 무곡, 하이든 헝가리풍 론도, 요한슈트라우스의 집시남작은 실제 헝가리 전통음악을 본떠 삽입함으로써 명곡의 반열에 오른 곡이다. 부다페스트는 헝가리가 낳은 세계적인 음악가 프란츠 리스트의 제2의 고향이기 때문에, 리스트기념관과 리스트음악원은 도시를 상징하는 공간이다. 국립오페라극장(Magyar Állami Operaház)은 헝가리 오페라의 본산이며, 1980년 리모델링을 거쳐 현재의 모습으로 재개관했고, '페스트의 브로드웨이' 라고 할 수 있다.

3) 의의

부다페스트(Budapest)는 '동유럽의 파리' 혹은 '도나우 강의 진주' 란 표현에 걸 맞는 문화도시이다. 프랑스 파리, 체코 프라하, 이곳의 야경을 '유럽의 3대 야경'이라고 할 만큼 멋진 색채를 드러내고 있다. 공산화를 겪었지만 한발 앞서 자유경제체제를 도입하였기 때문에 동구권의 개방된 분위기를 가장 잘 실감할 수 있고, 다양한 특색을 갖고 있다.

첫째, 부다페스트는 과거부터 전략적 요충지 부다왕궁과 겔레르트 언덕의 요새를 중심으로 고풍스러운 도시경관을 이루었고, 도나우 강을 사이에 두고 페스트 지역에 위치한 국회의사당 일대를 묶어 세계유산 보유도시의 상징을 부각시켰다. 마티야슈 교회와 성 이슈트반 교회는 타 도시에 비해 색채가 강하지는 않지만 마자르족이 유럽에 자리 잡은 후 크리스트교로 변화된 종교경관이다.

둘째, 세계적으로 여러 도시들이 수변을 문화적으로 재생해 도시경쟁력을 높였다. 부다페스트는 도나우 강을 중심으로 하여 세계인의 주목을 받는 감미로운 문화도시로 자리 잡았다.

셋째, 부다페스트는 유럽대륙 최초로 건설된 지하철의 출발점이다. 밀레니엄 지하철을 비롯한 지하철 노선, 노면전차, 트롤리와 버스가 연계되어 있다. 시 전역에 지속적으로 노면전차 노선을 확장하고, 단독차량으로 세계에서 가장 긴 차량을 도입하는 등 친환경 대중교통시스템

(LRT, New Tram)을 갖추었다.

넷째, 어부의 요새의 성벽과 뾰족한 원추형의 탑은 이곳만이 갖고 있는 아시아-유럽 전통의 소산이며, 성 이슈트반 기마상 기단 위의 4사자상은 마치 분황사 모전석탑과 화엄사 4사자 3층석탑의 4마리 사자 상을 본떠 올려놓은 듯 상상을 떠올린다. 육개장과 비슷한 얼큰한 구야쉬스프를 먹고, 고추와 비슷한 파프리카를 사용해 매콤한 요리를 하고, 시내 곳곳에서 온화한 연기를 내뿜는 온천을 볼 수 있다.

부다페스트는 우리에게 '부다페스트에서의 소녀의 죽음'이란 시에서 떠올리는 끔찍한 상상이나 '글루미 선데이(Szomorú Vasárnap)'를 통해 표현되는 우울한 이미지로 알려진 시기가 있었지만, 유럽과 아시아 문화가 공존하는 이색 도시로서 그리고 왈츠 '도나우 강의 잔 물결'에서 연상되듯이 도나우 강이 흐르며 세계인의 주목을 받는 감미로운 문화와 예술이 융합되어 있는 세계도시로 브랜딩하고 있다.

02 퀘벡 _ 작은 프랑스, 북미에서 가장 유럽적인 이색 도시

1) 개요

퀘벡(Québec City)은 캐나다 퀘벡주 주도이자 세인트로렌스강(Saint Lawrence River) 하구에 강폭이 갑자기 좁아지는 지점에 위치한다. 지명은 인디언어로 해협 또는 갑자기 좁아진 지점을 뜻한 것에서 유래되었고, 1535년 프랑스의 자크 카르티에(Jacques Cartier)가 최초 발견하였다. 1608년 프랑스 탐험가 사뮈엘 드 샹플랭(Samuel de Champlain)에 의해 마을이 형성된 이래 뉴프랑스로 불렀고, 프랑스와 영국 간 쟁탈이 계속된 곳이다. 1763년 파리조약으로 영국령이 된 이후에도, 프랑스인의 전통문화를 그대로 유지하였기 프랑스문명의 요람이라 할 수 있다. 퀘벡은 영국 통치기도 퀘벡조례를 통해 가톨릭의 권리가 재부여 되었고, 프랑스 시민법 효력이 발휘되었다. 캐나다연방 속에서도 영어권 문화에 동화되지 않고 자신들의 고유의 문화를 유지했다. 퀘벡은 캐나다 연방의 공용어인 영어를 배제한 채 프랑스어를 공용어로 채택했고, 세 차례에 걸쳐 독립에 대한 주민의사를 묻는 투표를 실시한 바 있다.

퀘벡 구도심을 둘러싸고 있는 성벽은 미국과 캐나다를 통틀어 도시에 남아있는 유일한 성벽이다. 도시는 시타델을 중심으로 시타델 안쪽에 자리한 곳을 어퍼타운, 바깥에 자리한 곳을 로어타운이라고 한다. 세인트로렌스강을 바라보는 지점에 샤또 프로냑(Fairmont Le Château Frontenac)을 비롯하여 시타델(Citadelle of Quebec city), 주의사당(Parliament Building), 교회, 광장 및 기념물이 남아 있다. 퀘벡역사지구(Historic District of Old Québec)는 1985년 유네스코 세계유산에 등재되었다.

2) 핵심 내용

(1) 도시의 상징

① 퀘벡역사지구

퀘벡의 시가지는 성벽을 사이에 두고 성벽 안쪽 어퍼 타운과 바깥쪽 로어 타운으로 구분된다. 프랑스 문화의 중심지는 초기 거주지 로어타운에 위치한 르와얄 광장(Place Royale)이다. 이 지역을 중심으로 이어지는 좁은 골목과 돌집은 오랜 역사를 말해준다. 깎아지른 절벽 위에 건설된 어퍼 타운은 종교와 행정의 중심지로 의회 건물, 교회, 성당, 광장, 성채 등이 있고, 샤또 프로냑은 어느 곳에서나 보이는 상징이다. 샤또 프로냑은 19세기 성의 외관을 하고 있는 호텔로 세인트로렌스 강이 내려다보이는 절벽 위에 자리 잡고 있다. 건물 이름은 1673년 뉴프랑스

초대 총독으로 부임한 콩트 드 프로냑(Comte de Frontenac)에서 유래했다. 이곳이 세계적으로 알려지게 된 이유는 우아한 인테리어와 웅장한 건물이면서 제2차 세계대전 당시 영국의 윈스턴 처질, 미국의 프랭클린 루즈벨트 대통령, 캐나다의 맥켄지 킹 수상이 만나서 회담을 열었기 때문이다. 미국인 브루스 프라이스(Bruce Price)가 설계했고, 건물 지붕이 녹색 청동으로 되어 있어 중세 궁전 같은 우아한 느낌을 준다.

다름 광장(Place d'Armes)은 샤또 프로냑 호텔 앞, 구시가 중심에 자리 잡은 광장이며, 프랑스 통치기에 'Grande Place'라고 하였다. 사뮈엘 드 샹플랭 동상이 세워져 있고, 유럽에서 많이 볼 수 있는 관광마차, 프랑스어 안내판을 볼 수 있고, 거리의 악사나 각종 공연이 펼쳐진다. 뜨레조르 거리(Rue du Tre´sor)는 파리 몽마르뜨나 모그크바 아르바트거리와 유사한 곳으로 마치 미술관을 연상케 하듯 거리 골목마다 그림을 전시, 판매하며 다름 광장에 있는 좁은 골목에 위치한다.

샤또 프로냑

샹플랭동상

어퍼타운에서 로어타운으로 가려면 '목이 부러지는 계단(Escalier Casse Cou)'을 통해야 한다. 퓌니퀼레르(Funiculair)는 어퍼 타운의 뒤플렝 테라스와 로어타운의 쁘티 썅플랭 거리를 수직으로 잇는 교통수단이다. 45°기울어진 철로 위를 이동하는 퀘벡역사지구의 명물이다.

퓌니퀼레르

북동쪽 강변과 가까운 곳에 위치한 지역을 '로어타운'이라고 하며, 지형적으로도 지대가 낮아 로어타운이다. 로어타운은 가장 아름다운 거리로 불리는 쁘티 샹플랭 거리가 있다. 거리는 불어로 장식된 간판과 예쁘고 아기자기하게 꾸민 상점, 카페와 갤러리가 자리 잡고 있다.

르와얄 광장 프레스코화

르와얄 광장은 퀘백의 발생지로 1608년 사뮈엘 드 샹플랭이 거주지로 최초 정착한 곳이다. 1686년 루이 14세 흉상이 세워진 것에서 이름이 유래됐다. 이곳은 퀘백 정부가 거리를 정비해 고풍스런 옛 모습을 되찾았고, 5층 건물 벽에 그린 실물 크기 퀘벡의 프레스코화(La fresque des quebécois)가 유명하다. 승리의 노트르담 교회(Notre Dame des Victoires) 는 1688년 건축가 끌로드 베이프(Claude Baillif)가 설계한 퀘벡에서 가장 오래된 건축이다. 1690년과 1711년 두 차례에 걸친 전쟁에서 승리한 것을 기념해 세워졌다. 1759년 폭격으로 파괴된 후 개축되었고, 아름답게 꾸며진 실내에서 안토니 반다이크(Anthony Van Dyck)와 카를 반 루(Carle Van Loo) 등 유명 화가의 작품을 만날 수 있다.

② 도시의 상징, 7F

7F는 F로 시작되는 7가지 단어의 머리글자로서 퀘벡의 도시이미지하면 떠오른 것이다. 7F는 인구의 95%가 프랑스어를 사용하는 '프랑스(France)', 옛 역사를 상징하는 '자유(Freedom)', 겨울축제를 대표하는 '얼음(Frozen)', 거리를 걷다보면 만날 수 있는 '프레스코화(Fresco)', 북미에서 드물게 성벽으로 둘러싸인 도시로서 '성곽(Fort)', 태양의 서커스(Circus of the Sun)로 유명한 시민들의 유머감각 '퍼니 페이스(funny face)', 건물 자체만으로 화려한 '샤또 프로냑(Château Frontenac)'을 뜻한다.

첫째, 르와얄 광장 한 가운데 장식하고 있는 루이 14세의 흉상과 자크 카르티에와 사뮈엘 드 샹플랭의 흔적은 프랑스를 계승하고 있다.

둘째, 퀘벡은 자유를 원한다. 퀘벡은 캐나다에서 가장 오래된 역사를 가지고 있는 도시로 자신의 정체성에 대한 자부심을 표출한다. 프랑스 문화의 영향으로 결혼해도 남편 성을 따르지 않고 결혼 전 성을 그대로 사용하고 있다.

셋째, 얼음이며, 퀘벡은 겨울을 떠올리면 겨울축제를 상징하고, 세계 최대라는 형용사가 아깝지 않다.

넷째, 퀘벡을 걷다 보면 이런 프레스코화를 볼 수 있고, 사람이 창문을 통해 내려다보는 듯 착각을 불러일으킨다. 기원은 400년을 거슬러 올라가고, 겨울이 추워 북쪽에 창을 내지 않았고, 벽에 그림을 그리기 시작한 것에서 유래되었다. 16명의 인물이 그려져 있고, 현재 생활모습과 자유롭게 섞여 있다.

다섯째, 북미에서 유일하게 성벽으로 둘러싸인 성곽도시이다.

여섯째, 퍼니페이스이며, 코미디페스티벌과 태양의 서커스가 유명하다.

일곱째, 가장 유명한 건축은 샤또 프로냑 호텔이며, 퀘벡시의 대명사이자 상징이다.

(2) 문화와 이벤트

퀘벡은 불꽃놀이를 중심으로 한 뒤모리에 퀘백 여름축제(Du Maurier Québec Summer Festival)를 통해 콘서트, 연극 및 미술 등 다양한 문화행사를 펼치고, 세계에서 가장 규모가 큰 겨울축제로 알려져 있는 퀘벡 윈터 카니발(Québec Winter Carnival)을 열어 프랑스문화와 긴 겨울의 상징성을 부각시키는 도시브랜딩에 노력하고 있다.

① 뒤모리에 퀘벡 여름축제

뒤모리에 퀘백 여름축제는 1968년 프랑스 문화의 전통을 지키고자 하는 취지에서 시작되었다. 음악을 사랑하는 7명의 젊은이와 마음 맞는 사업가 서너 명이 만나 소규모로 시작했던 것이 30여 년 만에 20여 개국의 800여명 예술인들과 70만 명의 관객, 400여개의 매체 기자들이 몰려드는 세계적인 축제로 발전하였다.

② 퀘벡 윈터 카니발

1894년 경, 뉴 프랑스(현 퀘벡주) 사람들이 1월말부터 2월 중순까지 함께 모여 즐거운 시간을 갖는 전통을 형성했고 습관처럼 즐긴 마을축제는 혹독한 추위 속에서 서로 뭉칠 수 있는 계기를 만들었다. 지역 사업가들이 1955년부터 지역축제 개념 이상으로 외부인도 함께 참여하는 공식적인 윈터카니발로 전환시켜 오늘날 전 세계가 열광하는 겨울축제가 되었다.

축제의 중심지 얼음 성은 마스코트 본옴(Bon Homme, 좋은 사람)이 거처하는 곳이며, 의사당 건물 맞은편에 9천 톤의 눈과 얼음으로 면적 50㎡, 높이 20m의 균형미와 조각술을 한껏 과시하고 야간에 신비한 빛을 발산한다. 눈사람에 생명을 불어넣어 탄생시킨 마스코트 본옴이 시장으로부터 축제 동안 도시의 통치권을 상징하는 열쇠를 건네 받고, 축제를 관장한다. 눈조각 대회, 여왕의 대관식, 불꽃놀이 등 볼거리, 하키, 스키, 스노우래프팅, 개썰매, 빙판미니골프, 빙벽타기, 눈마차 및 얼어붙은 세인트로렌스 강에서 펼쳐지는 카누대회 등의 동계스포츠와 스노우 배스(Snow Bath)등 다양한 행사가 펼쳐진다.

③ 태양의 서커스

태양의 서커스는 퀘벡주 몬트리올(Montreal)에 기반을 둔 엔터테인먼트기업이며, 세계적으로 유명한 곡예공연을 제공한다. 1984년 퀘벡에서 본격적인 활동을 시작한 이래, 전 세계적으로 4천만 명의 관객을 모으는 인기를 누리고 있다. 모든 쇼는 화려한 서커스 스타일이며, 각각 다른 주제로 이야기를 펼친다. 전통적 서커스 요소와 함께 무용, 정교한 세트, 오페라, 음악, 코미디가 혼합되어 새로운 공연 장르를 열었다.

3) 의의

퀘벡은 '작은 프랑스'라는 명칭이 무색하지 않게, 프랑스적인 분위기로 가득 차 있는 도시이다. 이곳은 미주의 다른 도시에서 흔히 봤던 풍경이 아니고, 어색한 스카이라인이나 새롭게 덧칠한 건물군은 이곳에서 낯설다. 반면 오래된 건물 한 면을 가득 채운 벽화, 그림과 골동품이 빼곡히 쌓인 작은 골목, 작은 부티크 숍과 프랑스풍의 오래된 성당이 조화를 이루고 있다. 퀘벡의 쁘띠 샹플랭 거리는 유럽의 작은 마을과 차이가 없다. 오히려 프랑스보다 더 프랑스답다. 퀘벡 사람은 프랑스어로 대화를 나누고, 프랑스식으로 생각한다. 인구의 95%가 불어를 사용하고 있고, 퀘벡은 캐나다에서도 마치 다른 나라와 같다. 퀘벡은 국내 드라마 <도깨비>의 덕분으로 도시가 유명장소와 함께 잘 알려졌다.

퀘벡은 오랜 세월과 물리적 거리를 뛰어 넘어 유럽 프랑스식 전통을 그대로 이어가 도시개발과 본전에 힘쓴 대표사례이다. 이런 배경에서 '미주에서 가장 유럽적인 도시', '프랑스에 와있는 듯 착각을 일으키는 도시' 같은 수식어가 어울릴 만큼, 르와얄 광장과 프레스코화, 좁은 골목과 돌집, 프랑스어간판, 교회, 샤또 프로낙과 성채 등 프랑스문화로 가득 차 있다. 퀘벡은 이색적인 관광도시로서 뿐 아니라 세계화시대에서 불어권 캐나다를 대표함과 동시에, 다문화관련 흥미의 대상이 되는 문화도시이다.

승리의 노트르담 교회

쁘티 샹플랭 거리

03 모로코 마라케시와 카사블랑카_ 유럽과 북아프리카의 문화가 공존하는 신비로움을 간직한 도시

1) 개요

모로코(Morocco)는 북부아프리카에 속해 있고 유럽남부와 연결되는 마그레브(Le Maghreb) 지역에 위치한 이슬람국가이다. 스페인이 오래 점령하였으나 19세기부터 서구열강의 쟁탈전이 치열하여 독일, 프랑스, 영국에 의해 주요 도시가 점령되었고 이슬람과 크리스트교문명 간 신경전도 전개되었다. 프랑스가 모로코가 독립하기 전 1912년부터 1956년까지 실질적 점령국이었고, 모로코 북쪽 일부지역은 스페인, 지브롤터는 영국이 점령해 오늘에 이른다. 모로코의 마그레브 문화는 8세기 이베리아반도를 정복한 아랍계 이슬람교도를 총칭하는 무어인의 건축과 문화에서 시작되었고, 7세기부터 13세기까지 아라비아에서 발전한 이슬람세계의 핵심을 이루었다. 오랜 역사를 뒷받침하듯 옛 수도 페스(Fes)와 마라케시(Marrakesh), 현재의 수도 라바트(Rabat), 최대 도시 카사블랑카(Casablanca)까지 신비로운 도시로 가득하다. 마라케시와 카사블랑카는 모로코의 문화와 경제를 대표하는 곳이다.

마라케시는 카사블랑카 남쪽으로 234㎞ 떨어져 우뚝 솟은 아틀라스 산맥에 인접해 있고, '붉은 도시'로 불린다. 마라케시의 메디나(Medina of Marrakesh)는 알모라비드(Almoravid) 왕조에 의해 최초 형성되었고, 1520년 사아드 왕조의 도읍으로 정해진 후 발전해 당시 건축과 유적이 남아 있다. 1985년 유네스코 세계유산에 등재되었다. 카사블랑카는 대서양 연안에 위치한 항구이자 가장 규모가 큰 도시이다. 이곳은 '하얀 집'이라는 뜻으로 포르투갈인이 이곳에 항구를 건설하여 급성장하였고, 모로코에서 가장 개방적인 분위기를 느낄 수 있다.

2) 핵심 내용

(1) 도시의 상징

마라케시와 카사블랑카는 역사와 전통의 차이가 있지만, 도시 상징으로 이슬람건축을 으뜸으로 한다. 마라케시는 '붉은 도시'라고 불릴 만큼 건물 바깥벽이 붉은 색으로 된 유적이 많고, 카사블랑카는 '하얀 집'이라는 의미에 걸맞게 아담한 항구, 광장, 현대건축이 대조를 이룬다.

① 마라케시

쿠투비아모스크

제마알프나광장

마라케시의 메디나는 많은 인상적인 기념건축이 있는 곳이며 역사적으로 알모라비드 왕조의 유적군을 이룬다. 쿠투비아 모스크(Koutoubia Mosque)와 성문, 16세기 사아드 왕가(Saadian)의 묘, 제마 엘 프나 광장(Jemaa el-Fna Square)은 대표적인 도시 상징이다. 쿠투비아 모스크는 마라케시 특유의 황토와 섞은 듯 붉은색의 재료로 만들어져 있고, 12세기 말 건립된 첨탑 미너렛은 높이 77m로 도시 어느 곳에서도 볼 수 있다. 내부 예배당은 17개이며, 25,000여명을 수용할 수 있다. 과거 200개나 되는 문이 있었으나, 아그노 문(Bab Aguenaou)을 비롯한 14개가 보존되어 있다. 사아드 왕가의 묘를 장식하고 있는 아라베스크 문양은 스페인 그라나다 알함브라궁전에서 볼 수 있는 장식 기법이다. 제마 엘프나 광장은 모스크 앞의 넓은 공간이며, '메디나의 고동치는 심장' 또는 '축제의 광장'으로 불린다.

② **카사블랑카**

모스크 내부 장식

카사블랑카는 조용한 항구도시에서 시작하였으나 현재 북아프리카에서 가장 화려하고 활기찬 도시이다. 핫산 2세 모스크(Hassan Mosque)는 북아프리카에서 가장 규모가 큰 모스크로 엄청난 크기와 정교한 무늬는 이슬람문화의 꽃이라고 할 수 있다. 이곳은 사우디아라비아 메카와 메디나의 모스크에 이어 세계 3번째 규모의 이슬람사원이다. 핫산 2세 국왕이 국민에게 성금을 걷어 1993년 완성하였고, 약 6000평의 대지위에 210m의 높은 탑, 25,000여명이 동시에 예배를 볼 수 있다. 건물지붕이 개폐식으로 되어있고, 3,300명의 건축기술자가 완성한 실내장식은 세기의 걸작이다.

핫산2세 모스크 전경

(2) 도시의 기타 상징

① 메디나(Medina)

메디나는 타원형의 성벽을 두른 이슬람사회 고유의 도시구조이다. 성내에 왕궁과 모스크, 종교학교(Medersa), 시장, 미로 같은 골목, 서민들의 가옥이 빼곡히 들어서 있는 살아있는 도시를 말한다. 마라케시의 메디나를 비롯하여 페스의 메디나, 라바트의 근대 수도와 역사도시의 사례는 세계유산의 진정성과 완전성, 탁월한 보편적 가치를 지니고, 뚜렷한 문화와 종교경관 특징을 갖추었다.

② 카스바(kasbah)와 크사르(ksar)

모로코는 시골벽돌집을 카스바(kasbah), 마을을 둘러싸는 성벽을 크사르(ksar)라고 한다. 카스바와 크사르의 경우, 벽의 기단부는 진흙, 상부는 구운 벽돌로 만든다. 첨탑은 위로 올라갈수록 가늘어지고 장식이 거의 없다. 창문은 가늘고 작은 틈이 있을 뿐이다. 외부는 채색을 하지 않아 황토색 그대로에 가깝다.

③ 영화 카사블랑카의 〈릭스 카페 아메리칸〉을 재현한 바

카사블랑카는 험프리 보가트와 잉그리드 버그만 주연의 흑백영화 <카사블랑카>로 널리 알려져 있다. 1942년 최초 개봉된 흑백영화지만, 명화의 대열에 남아있는 만큼 영화팬에게 기억 속에 향수어린 추억으로 남아있다. 모로코의 카사블랑카는 영화 속 카사블랑카의 분위기와 많이 다르다. 이곳은 현재 국제도시답게 20세기 들어 서구 풍으로 개조되어 고층건물이 많아지고 거리는 차와 상점으로 붐빈다. 해안으로 나가면 호텔이 많고 조용한 해안에서 일광욕을 즐기는 사람을 볼 수 있다.

트렌치코트의 깃을 세운 험프리 보가트의 모습을 추억하는 사람을 위해 무함마드5세 광장 앞 하얏트 호텔 1층에 바 카사블랑카가 영화 속

장소 <릭스 카페 아메리칸>을 재현해 놓았다. 이 카페는 연중무휴로 운영되고, 피아노 연주자 샘의 피아노 음악이 지금도 들려올 것 같은 분위기다. 영화포스터와 주연배우 사진이 1950, 60년대의 복고풍 분위기를 한층 돋워주고 있어 기념촬영장소로 유명하다. 카사블랑카는 더 이상 영화 카사블랑카의 배경지라는 타이틀로 국한되는 것이 아니라, 다문화와 이국적 풍경의 국제관광도시로 도약하였고, 낭만을 꿈꾸며 카사블랑카를 찾는 사람에게 풍요로운 삶의 매력을 주고 있다.

▪ 카사블랑카(Casablanca)

1942년 작품으로 마이클 커티즈 감독, 험프리 보가트, 잉그리드 버그만, 폴 헨리드가 출연하였고, 제2차세계대전 중 나치스가 장악한 프랑스령 모로코를 무대로 사랑하지만 서로를 위해 헤어져야 하는 연인의 러브스토리를 그린 애정 영화이다. 스토리, 연출, 연기 모두가 훌륭하고 감동적인 영화로 평가받으면서 수많은 아류작을 낳은 미국 헐리우드 최고의 애정영화의 하나로 꼽힌다. 오스카상(아카데미)에서 작품, 감독, 각색의 3개 부문을 수상하였다.

(3) 문화와 이벤트

마라케시와 카사블랑카는 마그레브(Le Maghreb)의 이슬람문화가 강하고, 축제는 문화예술축제(Festival)와 종교축제 무세움(Mousseum)로 구분된다. 모로코의 이슬람교는 정통교리와 토속관습이 만나 섞여버린 것이 특색이다. 수니파 이슬람교(Sunni Islam)에서는 성자숭배를 금하고 있으나, 많은 가톨릭 국가가 그러하듯이 모로코의 이슬람교 종파는 성자숭배축제가 행해지고 있다.

① 문화와 축제이벤트

음악과 퍼포먼스 예술의 테마를 중심으로 하여 국제페스티벌이 개최된다. 마라케시는 대중적인 도시답게, 6월 대중예술축제가 열리고, 매년 6월 8일 모로코인의 피를 이어받은 유명한 프랑스 배우 자멜 드부즈(Jamel Debbouze)가 개최하는 국제 코미디 페스티벌이 열려 재미와 웃음이 넘치는 즐거운 밤을 연출한다. 7월 중순 개최되는 마라케시 파퓰러 아트페스티벌은 마라케시의 대표축제이다. 현대예술과 전통 예술이 만나는 축제로 포크댄스와 베르베르 음악인, 벨리댄서가 함께하고, 화려한 색채와 리듬 속에서 퓨전문화와 전통을 만날 수 있다. 2001년부터 12월 열리는 마라케시 국제영화제와 2년 마다 열리는 마라케시 비엔날레(Biennale) 같은 문화예술행사도 관심의 대상이다.

② 종교축제

종교축제 무세움은 이슬람 성인 시디 모하메드 마 알 아님(Sidi Mohamed M'a al-Anim)을 기리는 축제이며, 축제일은 정해진 날짜가 있는 것이 아니라 이슬람력에 따라 결정되므로 가변적이다. 기마술(Fantasia), 전통무용, 음악, 의상 등 특정지역 고유의 문화를 알리는 민속행사이다. 마라케시의 국립민속축제는 10일 간 열리며, 전국의 무용가와 음악가들이 무리를 지어 참석한다.

3) 의의

모로코의 도시들은 역사적으로 여러 문명이 교차한 지역으로 다양하고 풍부한 문화적 유산을 자랑한다. 북으로 유럽문화를, 동으로 이슬람문화를, 그리고 남으로는 아프리카대륙의 문화를 공유해 자신들만의 독특한 문화를 형성했고, 프랑스지배로부터 독립한 이후 정치적 안정과 경제적 성장을 도모하면서 남유럽을 중심으로 한 주변 국가와 교류를 확대했다. 특히 마라케시와 카사블랑카는 유럽에서 지브롤터 해협을 넘어 가장 쉽게 북부아프리카로 여행할 수 있는 최적의 장소이자 독특한 도시경관을 갖고 있기 때문에, 유럽인들이 가장 많이 방문하는 도시이기도 하다. 그러나 유럽의 주요 도시에서 찾아볼 수 있는 과감한 투자나 도시마케팅적인 시설기반은 아직 비현실적이다.

모로코는 지리적으로 아프리카대륙 북서부에 위치하지만, 지중해를 유럽대륙과 공유하기 때문에 우리나라에서는 남유럽과 지중해 영역에 포함시켜 다루는 경향이 있다. 패키지상품에서도 스페인-포르투갈-모로코 여행으로 짜여 있어 유럽 속 이방지대 역할을 제대로 하고 있다.

모로코의 중심에 마라케시와 카사블랑카, 두 도시가 있고, 마라케시는 신비로운 문화를 자랑하는 도시로서, 카사블랑카는 꽤 붐비면서 활기찬 경제도시로 각인되었다. 마라케시는 스페인 남부 안달루시아(Andalucía), 그라나다에서 볼 수 있는 세계적인 이슬람건축 알함브라와 연결고리가 되는 곳이다. 이런 배경에서 마라케시의 메디나의 도시 상징은 이슬람문화의 발전, 확장 그리고 현재를 알려주는 중요한 상징임에 틀림없다. 카사블랑카에 우뚝 솟은 핫산 2세 모스크는 이슬람 종주국 사우디아라비아에 위치한 모스크에도 뒤지지 않는 201m의 높이로 세워져 문화도시로 발돋움하기 위한 도시브랜딩에 초점을 둔 걸작으로 평가된다.

CHAPTER 03

문화예술과 창조적 테마가 돋보이는 도시

01 빈 _ 세계 음악의 수도

1) 개요

빈(Wien, Vienna)는 모차르트와 베토벤 등 유명한 음악가들의 활동무대였던 '음악의 도시'로 유명하다. 빈은 도나우 강 상류에 위치하며 중부 유럽의 경제·문화·교통의 중심지를 이룬다. 빈은 1440년 합스부르크(Habsburg) 왕가 때 정치, 문화, 예술, 음악의 중심지가 되었고, 1805년 오스트리아제국의 수도가 되었다. 제1차대전 후 오스트리아의 수도가 되었으나 1938년 독일에 의해 오스트리아가 병합되었다. 제2차 대전 이후 미국, 영국, 프랑스, 소련의 신탁통치를 받고 수도 기능을 독일 베를린에 넘겨주었으나 1954년 오스트리아 독립으로 다시 수도가 되었다. 도심 이네레슈타트(Innerstadt)은 중세 이래의 역사를 지닌 구시가지와 이것을 둘러싸고 있던 성벽을 철거하고 1858년에 만든 링이라고 불리는 환상도로로 구성되어 있다. 빈 역사지구는 2001년 유네스코 세계유산에 등재되었다.

2) 핵심내용

(1) 도시의 상징

빈은 합스부르크왕가의 650년에 걸친 도읍지이며, 13세기 후반부터 약 300년에 걸쳐 건축된 137m의 첨탑이 있는 고딕양식 성 슈테판대성당(Stephansdom, Stephan Cathedral)과 국립오페라하우스(Wien National Opera House)가 랜드마크이다. 이외에 호프부르크 왕궁(Hofburg Palace), 시청(Rathaus), 쉔부른 궁전(Palace and Gardens of Schonbrunn), 빈 시립공원(Wien Stadtpark)이 유명하다.

성 슈테판대성당은 도시 중심부에 우뚝 솟은 고딕양식의 걸작이다. 성당은 1340년 로마네스크 양식으로 만들어졌으나, 1359년 고딕양식으로 재건축되었고 실내는 바로크 양식으로 지어졌다. 호프부르크 왕궁은 합스부르크 왕가의 세력을 바탕으로 성장한 호프부르크 지역에 있던 왕궁으로 당시의 절대성이 잘 보존되어 있고, 빈 시청은 1883년 완공된 신 고딕양식의 건물이다. 이곳은 매년 수많은 작품이 공연되고 연주되고 있고, 5월과 6월 사이에 빈 페스티벌이 열리고, 7월부터 9월 사이에 비엔나 여름 음악기간으로 곳곳에서 100여개의 크고 작은 콘서트가 개최된다.

성 슈테판대성당

쉔부른 궁전

쉔부른 궁전은 성 슈테판대성당과 함께 빈 관광의 양대 핵심으로 도심에서 서쪽에 위치한다. 합스부르크 왕가의 여름궁전, 마리 앙투아네트(Marie′ Antoinette)의 어머니 마리아 테레지아 여제(Maria Theresia)의 궁전이었고, 규모는 프랑스 베르사유보다 작지만 화려함과 정원미는 베르사유를 능가한다. 내부는 우아하고 호화로운 로코코식 건축이며, 6세 때 모차르트가 연주한 거울의 방과 마리아 테레지아의 비밀 만찬실 중국식 작은 방이 볼만하다. 왕궁 정원은 궁전 건물을 지나 약 1.7㎢에 달하는 넓은 규모로 화단의 기하학적인 아름다움과 수많은 분수와 조각상이 한데 어우러져 있다. 정원 끝에 1747년 프러시아와 싸워 이긴 것을 기념해 세운 글로리에테가 있다. 쉔부른 궁전과 정원은 1996년 유네스코 세계유산에 등재되었다.

(2) 음악을 중심으로 한 도시브랜딩

① 음악가의 활동 배경

합스부르크 왕가에 의해 통치된 오스트리아는 신성로마제국의 황제를 겸했고, 비엔나는 유럽 정치와 문화의 중심지로 번영하였다. 이런 단단한 기반 아래, 빈은 음악가가 몰려드는 활동의 중심지가 되었다. 음악과 예술을 사랑한 마리아 테레지아로부터 마지막 황제 카이저 프란츠 요셉에 이르기까지 빈은 새로운 음악을 탄생시키고 세계로 전파하는 역할을 하였다. 모차르트, 베토벤, 슈베르트, 요한 슈트라우스 1세와 2세, 브람스, 하이든 같은 음악가들은 빈에서 태어났거나 활동하면서 빈을 세계적인 문화예술도시로 만들었다.

② 음악가의 스토리텔링 장소

빈 곳곳에서 음악가들에 관한 스토리를 간직한 건물과 장소가 가득하다. 여행자들은 음악가들의 기념관, 명판, 동상을 찾아다니고 음악세계에 몰입된다. 빈은 모차르트, 베토벤, 슈베르트 이외에도 많은 음악가의 발자취를 간직하고, 빈에 발을 들여 놓은 여행자를 한 곳 한 곳 둘러보도록 발길을 붙잡고 있다.

▪ **모차르트**

볼프강 아마데우스 모차르트(Wolfgang Amadeus Mozart, 1756~1791)는 오스트리아 잘츠부르크 출생이다. 그의 업적은 빈 고전파의 양식을 확립한 데 있고 전고전파의 여러 양식을 흡수, 개성적인 예술을 이룩했다. 주요 작품은 《피가로의 결혼(1786)》과 《돈 조반니(1787》,《마적(1791)》이 있다. 모차르트는 고향 잘츠부르크를 떠난 후 1791년까지 비엔나에서 살면서 활동하다가 세상을 떠났다.

▪ **베토벤**

베토벤(Ludwig van Beethoven, 1770~ 1827)은 독일 본 출생으로 하이든과 모차르트와 함께 빈고전파를 대표한다. 고전파의 형식이나 양식을 개성적으로 다듬었고 낭만파로의 이행단계를 보였다. 《영웅교향곡(1804)》과 《피아노협주곡 제5번 황제(1809)》 등 많은 작품을 남겼다. 베토벤은 23세 때 빈으로 옮겨와 1827년 3월 세상을 떠날 때까지 35년 동안 빈을 주 무대로 활동하였다.

▪ **슈베르트**

프란츠 슈베르트(Franz Peter Schubert, 1797~1828)는 오스트리아 빈 출생으로 초기 독일 낭만파의 대표적 작곡가이자 '가곡의 왕'으로 불린다. 주로 빈에서 활동하며 다양한 부문에 걸쳐 많은 작품을 남겼고 가곡을 독립된 주요한 음악의 한 부문으로 끌어올렸다. 주요 작품은 《아름다운 물방앗간의 처녀》와 《겨울나그네》 등이 있다.

▪ 하이든

프란츠 요제프 하이든(Franz Joseph Haydn, 1732~1809)은 오스트리아 동부 로라우 출생으로 18세기 후반 빈고전파를 대표하는 작곡가이자 교향곡의 아버지로 불린다. 100곡 이상의 교향곡, 70곡에 가까운 현악4중주곡 등으로 고전파 기악곡의 전형을 만들었다. 주요 작품은 《천지창조》와 《사계(四季)》 등이 있다.

▪ 요한 슈트라우스 1세

요한 슈트라우스(Johann Baptist Strauss, 1804~1849)는 오스트리아 빈 출생의 작곡가이자 지휘자이다. 바이올린 연주자로 '왈츠의 아버지'라 불리며, 자작의 무도곡을 레퍼토리로 각지에서 연주하였다.

▪ 요한 슈트라우스 2세

요한 슈트라우스(Johann Strauss, 1825~1899)는 오스트리아의 작곡가이자 지휘자로 요한 슈트라우스의 장남이다. 악단을 이끌며 연주여행을 하였고 작곡에 열중하여 새로운 독자적 왈츠양식 '연주회왈츠'를 낳았다. 왈츠에 처음으로 합창이 곁든 《아름답고 푸른 도나우》 등의 대규모 왈츠와 《집시남작》 등의 오페레타를 작곡하였다. 자신이 태어난 빈을 왈츠의 도시로 브랜딩하는 역할을 하였다.

이상에서 살펴본 음악가 이외에도 요하네스 브람스(Johannes Brahms, 1833~1897), 요제프 브루크너(Josef Anton Bruckner, 1824~1896), 프란츠 폰 주페(Franze von Suppe, 1819~1895), 리스트(Franz Liszt, 1811~1886) 등 음악가가 거주하였거나 방문한 기념명판들은 여행자들의 방문을 기다리며 빈의 문화관광자원의 역할을 톡톡히 하고 있다.

표 2-1 ▌음악가들의 스토리텔링 장소

음악가	위치	내용
모차르트	돔가세 5	모차르트가 1784년 9월부터 1787년 4월까지 거주하였고, 이곳에서 오페라 피가로의 결혼을 작곡하여 '피가로 하우스'로 불림.
	티퍼 그라벤 18, 징거가세 7, 밀히가세 1, 베링가세 26	모차르트가 거주한 곳으로 기념명판이 있음.
	라우텐슈타인가세 8	모차르트가 피아노협주곡, 클라리넷협주곡, 마술피리 등을 작곡했고, 이곳에서 1791년 세상을 떠나 모차르트기념관으로 지정됨(모차르트 흉상).
베토벤	티퍼 가라벤 8-10, 되블링거 하우프츠가세 92, 질버가세 4, 에로이카가세 2, 란트슈트라서 하우프트가세 60, 라임그루벤가세 22, 웅가르가세 5	베토벤이 거주한 곳으로 기념명판이 있음.
	칼렌베르거가세 26	기념명판, 빈 시의 베토벤기념관
	빈 아카데미 콘체르트하우스	베토벤광장, 베토벤 기념조각상
	슈바르츠스파니어가세 15	베토벤이 마지막으로 살았던 곳, 베토벤 흉상
	알저가세 17	알저성당(베토벤 장례식 거행 기념명판)
	하일리겐슈타트 산책길	베토벤 길, 베토벤 휴식터와 전망대, 베토벤 바위
	프로부스가세 6번지	베토벤이 1802년 10월 6일 유서를 작성한 기념명판이 있고,베토벤기념관으로 지정됨.
슈베르트	누스도르퍼가세 54	슈베르트 생가, 슈베르트기념관
	케텐브뤼켄가세 6	슈베르트가 1828년 세상을 떠남, 기념관
	리히텐슈타인가세 14	슈베르트 사망 100주기 기념 조각품 슈베르트 우물을 슈베르트협회가 제작함.
	소이렌가세 3	수베르트가 마왕을 작곡한 곳(마왕의집)
	힌터뷜 마을 가트너가세 34	가곡왕 슈베르트기념관, 슈베르트동상
하이든	노이어 마르크트 2	하이든이 거주한 곳으로 기념명판이 있음.
	타보르가 수도원	하이든이 합창단장이었다는 기념명판 있음.
	하이든가세 19	하이든이 천지창조와 사계를 작곡했고, 세상을떠날 때까지 살았던 하이든 하우스와 하이든기념비가 제작되어 있음.

③ **음악가와 만나는 공원과 묘지**

빈 시립공원은 1862년 개장한 빈 시민의 휴식공간이다. 콘체르트 하우스 북쪽에 위치하고, 공원에 조각가 에드문트 헬머(Edmund Hellmer)의 작품인 바이올린을 연주하는 요한 슈트라우스 2세의 황금색 기념 동상이 서있다. 깊은 사색에 잠긴 듯이 아래를 내려다보고 앉아 있는 베토벤 기념 동상과 슈베르트, 브루크너, 베토벤 전기를 쓴 바이올리니스트 안톤 쉰들러(Anton Schindler) 등 오스트리아 출신 뿐 아니라 해외 출신 음악가의 동상으로 유명하다.

빈 중앙묘지는 음악가의 묘지를 별도 마련하여 음악을 사랑하는 여행자의 발길이 이어지는 곳이다. 원형광장 중앙에는 청동여인상이 레퀴엠의 악보와 하프를 안고 앉아 있는 모차르트 기념비가 있다. 그 뒤편의 좌우에 각각 삼각형 모양의 흰 대리석 가운데 금박을 입힌 하프가 조각되어 있는 베토벤의 묘와 흰 대리석에 어린 천사가 올려다보는 가운데 음악을 관장하는 여신 뮤즈가 슈베르트에게 월계관을 씌워주는 슈베르트의 묘가 있다. 베토벤 묘 왼쪽에 오페레타 '시인과 농부'를 작곡한 주페의 묘, 쇤베르크의 묘, 요한 슈트라우스 1세의 묘 등이 있다. 슈베르트 묘의 오른쪽에 왈츠의 황제 요한 슈트라우스 2세의 묘와 브람스의 묘가 나란히 하고 있다. 빈 중앙묘지에 기념비 만 있는 모차르트의 묘는 비엔나 시내 가까이 위치한 성 마르크스 묘지 중앙에 남아있다.

빈 시립공원의 요한 슈트라우스 2세의 동상

④ 음악의 산실

빈은 파리 오페라하우스와 밀라노 오페라하우스와 함께 3대 오페라하우스로 불리는 국립오페라하우스와 음악협회음악당(빈 필하모니 오케스트라의 정기 연주회장), 빈 아카데미의 콘체르트하우스(콘체르트하우스홀, 모차르트홀, 슈베르트홀), 안데어 빈 극장(빈 음악제의 연주회장) 등 공연장이 많다. 국립오페라하우스는 르네상스양식의 건물이며, 1869년 모차르트의 ≪돈 지오반니≫를 초연했고, 1897년부터 10년 동안 구스타프 말러가 총감독으로 있으면서 일류 오페라하우스가 되었다. 리하르트 슈트라우스와 카라얀, 카를 뵘 등 세계적인 지휘지가 총감독을 맡아 세계 최고에 올랐다.

빈 소년 합창단은 1498년 오스트리아 황제였던 막시밀리안 1세의 칙령에 의해 궁정성당에 봉사하는 성가대로 창단되었다. 합스부르크 왕가의 극진한 관심과 사랑 속에 궁정오케스트라, 궁정오페라단과 함께 빈의 음악 전성기를 구가했다. 오늘날에도 빈 필하모닉 오케스트라, 빈 국립오페라단과 함께 빈 궁정악단의 명성을 이어간다. 소년 슈베르트는 이 합창단의 보이 소프라노로 활동했고, 모차르트는 매일 아침 미사시간에 빈 소년 합창단을 지휘하였다. 베토벤은 17세 때 합창단을 위해 반주를 맡았고, 바그너, 리스트, 요한스트라우스 등이 곡을 헌정했다.

(3) 다양한 도시이미지브랜딩

① 환경을 우선하는 건축디자인

빈은 특이한 건축디자인을 시낸 곳곳에서 발견할 수 있다. 도시의 상징으로 떠오른 건축이 도심 한복판에 세운 쓰레기소각장이다. 슈피텔라우 쓰레기 소각장(Spittelau District Heating Plant)은 건축가이자 화가인 예술가 훈데르트바서(Hundertwasser)가 직접 설계 디자인하였다. 이곳은 다른 소각장과 달리 냄새가 없고 미관으로도 좋아 여러 면에서 사람이 즐겨 찾는 장소가 되었다.

그는 도시의 대기오염만이 환경오염이 되는 것이 아니라 외형이 흉측한 것도 시각적으로 환경오염이라고 생각했다. 그는 건물 외형은 물론, 쓰레기 소각기능도 친환경설계를 하였고, 소각장은 외형뿐 아니라 내부적으로 최신 소각장비와 정화기술을 구비하여 오염물질을 거의 배출하지 않게 하였다. 그는 빈에서 자신의 건축철학을 구현하였다.

슈피텔라우 쓰레기 소각장

② 영화 속의 도시이미지

빈을 무대로 하는 영화예술도 도시이미지브랜딩에 한 몫을 하였다. 영화 <제3의 사나이(The Third Man, 1949)>는 시청광장을 시작으로 중앙묘지의 가로수 길까지 시내 곳곳을 구석구석 화면에 담았다. 영화 <비포 선라이즈(Before Sunrise, 1995)>도 세계여행자의 발길을 이곳으로 이끌었다. 프랑스 소르본 대학생 셀린느와 제시라는 미국인 청년이 빈을 거쳐 파리로 향하는 유럽횡단 기차에서 자연스럽게 얘기를 나누면서 서로에게 친밀감을 느끼고, 제시의 제안에 따라 빈의 곳곳을 돌아다니고, 도나우강에서 펼쳐지는 장면을 담은 영화로 여행객에게 도시매력을 발산시키는데 기여했다.

비포 선라이즈

3) 의의

빈은 역사적으로 오스트리아 수도 역할을 담당했고, 유럽의 여러 도시와 같이 중세도시 특징을 갖추고 있다. 그러나 빈에 있어서 이보다 위에 있는 이미지가 바로 문화예술의 이미지이다. 빈은 모차르트와 베토벤이라는 두 명의 음악가의 주 활동무대였던 도시로 알려져 있지만, 실제 이곳을 '세계 음악의 수도'로 만든 사람은 헤아릴 수 없을 정도로 많다. 빈은 음악가의 태어난 곳이나 사망한 곳은 물론이고, 거주한 곳이나 한때 잠시 들린 곳도 명소화 하였다. 이런 곳은 하나도 빠지지 않고, 음악가를 기념하는 의미에서 명판을 얻었고 기념관으로 지정되었다. 유명한 광장이나 거리, 공원은 예외 없이 음악가의 동상이 만들어져 장소를 마케팅하고 있다. 게다가 무덤도 한꺼번에 '음악가의 묘지'로 조성, 관리되면서 세계 음악을 사랑하는 이들이 쉽게 찾을 수 있다. 빈을 매력적인 도시로 보는 다른 시각은 전통과 실용이 공존하는 데 있다. 구시가지의 전통건축과 어울리지 않을 것 같은 분위기였지만 훈데르트바서의 친환경건축은 도시와 조화를 이루었다.

빈은 도시 이름 그 자체만으로 유럽 최고의 도시임을 자랑한다. 오래전부터 석유수출국기구(OPEC)와 유럽안보협력기구(OSZE), 국제원자력기구(IAEA) 같은 중요 국제기구의 유럽본부가 위치함으로써 유럽국가의 핵심에 있는 국제업무도시 기능도 담당하였다. 이 도시는 옛 것과 새것이 조화를 이루는 랜드마크를 지닌 도시이자 음악과 예술이 살아있는 문화도시로 우뚝서있다.

02 잘츠부르크 _ 모차르트 가치를 브랜드화한 도시

1) 개요

잘츠부르크(Zalzburg)는 오스트리아 서부 잘츠부르크주의 주도이자 독일과 오스트리아를 잇는 잘차흐(Salzach) 강을 끼고 있고 알프스산맥의 북쪽 경계에 위치한다. 빈에서 서쪽으로 300㎞ 거리에 위치하고, 과거부터 가톨릭문화의 중심지로서 발전하였다. 제2차 대전으로 도시 일부가 파괴되었으나, '북쪽의 로마'로 불릴 만큼 교회와 궁전 등 바로크건축이 많이 보존되어 있다.

잘츠부르크는 '소금의 성'이란 의미이지만, 오늘날 도시는 소금이 아닌 '모차르트'라는 상품을 통해 많은 돈을 벌어들인다. 잘츠부르크 역사지구(Historic Centre of the City of Salzburg)는 1996년 유네스코 세계유산에 등재되어 있다. 도시 동쪽은 잘츠캄머구트(Salzkammergut)라고 하는 아름다운 호수지대가 이어져 있다. 이곳의 문화경관과 풍경은 1997년 유네스코 세계유산으로 지정되었을 만큼 빼어나다. 잘츠캄머쿠트는 영화 <사운드 오브 뮤직> 속 풍경에 매료된 많은 관광객의 발길이 연중 끊이지 않는 곳이며, 작은 마을 장크트 길겐(St. Gilgen)에 모차르트 어머니의 생가가 있다.

2) 핵심내용

(1) 도시의 상징

잘츠부르크는 구시가 전체를 내려다보는 호엔잘츠부르크 성(Festung Hohensalzburg), 대성당과 돔 광장, 레지덴츠 광장(Residenzplatz), 모차르트 생가가 있는 게트라이데 거리(Getreide Strasse), <사운드 오브 뮤직>

의 배경인 바로크양식의 미라벨 정원(Mirabell Garten)이 주요 상징이다.

호엔잘츠부르크 성은 잘츠부르크의 얼굴과 같은 곳으로 도시를 소개하는 안내책자에 어김없이 등장한다. 대성당은 17세기에 세워져 가톨릭 전파에 큰 역할을 한 바로크양식의 성당이다. 대성당은 돔 광장(Domplatz)의 중앙에 위치하고, 1771년 지그문트 폰 슈라텐바흐(Sigismund von Schrattenbach) 대주교에게 바친 마리아동상이 세워져 있다. 모차르트가 이곳에서 영세를 받았고, 미사에 참석하여 파이프 오르간과 피아노를 연주했다. 그의 몇 작품이 이곳에서 초연되어 모차르트와 인연이 깊다. 성당은 제2차 대전 당시 부분적으로 파괴되었으나 1959년 복구되었다. 레지덴츠 광장은 돔 광장 왼쪽에 위치한다. 광장 중앙에 17세기 후반에 세워진 아름다운 분수가 있고, 북쪽은 로코코양식의 성 미하엘 교회가 있다. 바로 정면에 1842년 제막식을 치른 모차르트 동상이 있어서 모차르트광장이라고도 한다.

게트라이데 거리는 구시가의 중심지이다. 모차르트 초콜릿 상점을 비롯한 다양한 상점이 관광객으로 붐빈다. 상점 마다 과거 글자를 모르는 서민을 위해 만들어진 철로 만든 독특한 모양의 간판을 유명하며, 모차르트 생가도 위치해 있다.

미라벨 궁전은 1606년 볼프디트리히(Wolfdietrich) 대주교가 사랑하는 여인 잘로메 알트를 위해 건축했고, 대주교 자리에서 물러난 뒤 별궁으로 사용되었다. 내부 모차르트가 6세 때 대주교를 위해 연주를 했다는 대리석의 방(Marmorsaal)이 있고, 궁전 주변에는 아름다운 미라벨 정원이 펼쳐져 있다. <사운드 오브 뮤직>의 배경이 된 곳이며, 형형색색 화단과 분수가 어우러져 아름다운 경관을 만들어낸다.

잘츠부르크 대성당

모차르트 동상

게트라이데 거리

미라벨 궁전

(2) 모차르트 가치를 창조하는 도시브랜딩

① 모차르트의 삶의 공간

모차르트는 1756년 잘츠부르크에서 태어나 25세 때인 1781년까지 이곳에서 살았다. 모차르트 생가(Mozart Geburtshaus)는 게트라이데 거리(9번지)로 기념박물관이 되어 있다. 거실은 모차르트가 아버지와 주고받은 편지, 모차르트의 초상화와 가족 그림, 자필 악보, 모차르트가 어렸을 때 사용한 1746년 제작 바이올린이 전시되어 있다. 모차르트가 태어난 방은 그가 10년간 사용한 1780년 제작 피아노가 있다. 2층에서 모차르트 특별전이 열리고, 3층은 지금까지 모차르트 오페라 작품들이 공연된 무대의 축소모형이 전시되어 있다.

모차르트 가족이 살았던 집(Mozart Wohnhaus)은 미라벨 정원 쪽에서 마카르트광장을 건너 8번지 건물이다. 이곳은 1981년 6월 12일 모차르트기념관으로 지정되었고, 1773년부터 1780년까지의 모차르트 가족석판화, 모차르트 악보, 모차르트가족의 일기를 전시하고 있다.

모차르트 생가

모차르트 가족이 살았던 집

② 모차르트 가치의 브랜드화

잘츠부르크 곳곳에 모차르트 동상이 세워져 있고, 모차르트 상품은 매우 다양하다. 모차르트 기념품만을 제조하여 판매하는 '모차르트란트'라는 기업이 있고, 공항도 모차르트공항이다. 모차르트는 고향을 떠나 빈으로 거처를 옮겼지만 지금도 고향 사람을 먹여 살리고 있다.

모차르트쿠겔(Mozartkugeln)은 오스트리아 초콜릿의 대명사로, 오스트리아를 방문하면 꼭 사야 할 아이템이다. '모차르트는 음악이라는 마음의 양식뿐 아니라, 초콜릿으로 달콤한 입맛까지 선사한다.'고 하는 이미지이다. 잘츠부르크에서 모차르트의 이미지와 초콜릿의 단맛은 서로 품질을 보장해 주고 있다.

모차트르 초콜릿

(3) 지역을 살리는 예술과 문화 이미지브랜딩

① 음악의 도시 잘츠부르크

잘츠부르크 페스티벌은 7월 하순부터 8월말까지 열리며, 독일 바이에른 바이로이트에서 매년 7~8월에 열리는 리하르트 바그너의 오페라를 공연하는 바이로이트 페스티벌(Bayreuth Festival)과 함께 최고의 음악축제로 인정받는다. 페스티벌은 1920년 대성당 앞에서 호프만슈탈(Hugo von Hofmannsthal)의 연극 예더만의 공연을 개막작으로 하여 시작하였고, 1921년 관현악단과 실내악단의 연구를 중심으로 하는 음악제가 열렸고, 1922년부터 빈 필하모니가 참여하기 시작했다. 1948년 잘츠부르크 태생 헤르베르트 폰 카라얀(Herbert von Karajan, 1908~1989)이 지휘를 맡아 세계 최고의 음악제로 발전시켰다. 1960년 대축제극장(Großes Festspielhaus)이 완공되어 주공연장이 되었고, 카라얀을 기억하기 위해 대축제극장 앞 광장을 헤르베르트 폰 카라얀 광장이라고 한다. 공연장은 대축제극장과 모차르트하우스(Haus fur Mozart), 암벽을 파서 만든 펠젠라이트슐레(Felsenreitschule) 공연장, 주립극장(Landestheater), 대성당 및 성당 앞 광장, 잘츠부르크대학 대강당, 레지덴츠궁전이 활용되고 있다.

잘츠부르크는 연중 내내 음악제가 열리는 음악도시이다. 1월 모차르트 탄생 100주년이었던 1956년부터 모차르트 생일(1월 27일)을 기념해 열리는 국제모차르트주간, 3월 하순은 2007년부터 시작된 잘츠부르크 비엔날레, 1967년 지휘자 카라얀이 시작한 잘츠부르크 부활절 음악제, 1973년 카라얀이 시작한 부활절 50일 후 성령강림절 음악제, 8월 헬브룬 축제, 10월 잘츠부르크 문화의 날과 가을재즈축제, 12월에 잘츠부르크 대림절(Advent) 음악제가 개최된다.

② 뮤지컬 영화의 도시 잘츠부르크

잘츠부르크는 뮤지컬 <사운드 오브 뮤직(Sound of Music)>의 무대로 유명한 고장이다. 이 뮤지컬은 1959년 11월 브로드웨이 무대에 올린 후 장기 공연된 작품이며, 1965년 영화로 제작되어 전 세계적으로 널리 알려졌다. 영화는 '에델바이스'와 '도레미 송'의 선율과 함께 알프스를 배경으로 전해오는 사랑의 메시지가 관객을 감동시키기에 충분했다. 성공요인은 행복한 안도감을 안겨주는 해피엔딩과 배우답지 않는 줄리 앤드류스(Julie Andrews)의 소박

사운드 오브 뮤직

한 마스크, 아름다운 영상미와 쉽게 따라 부를 수 있는 멜로디를 뽑을 수 있다. 영화는 1966년 오스상(아카데미) 10개 부문에 노미네이트되었고, 작품상, 감독상, 음악편집상, 음향상, 편집상 등 5개 부문을 수상했다. 영화가 독일 뮌헨에서 개봉되었을 때 폰 트랩 일가가 나치로부터 필사적으로 도망가는 모든 장면이 잘렸고, 영화가 결혼식 장면에서 끝을 맺었다고 한다.

잘츠부르크 시내뿐 아니라 동화속의 한 장면을 떠올리게 하는 근교 마을까지 영화의 인상적인 장면으로 등장했다. 마리아가 아이들과 노래를 부르는 미라벨 정원, 큰 딸 리즐이 남자 친구와 춤을 추든 헬브룬 궁전, 마리아와 대령이 결혼식을 올린 노란색 교회가 있는 잘츠캄머쿠트를 꼽을 수 있다. 사운드 오브 뮤직 투어(Salzburg Sightseeing Tours)는 인기가 국적과 세대를 따지지 않는다는 것을 실감할 할 수 있는 관광상품이며, 미라벨 정원에서 출발해 잘츠부르크와 근교의 5~6곳의 촬영장소를 방문한다.

③ 카페의 도시 잘츠부르크

잘츠부르크는 오스트리아의 도시인만큼, 좋은 카페가 많다. 카페는 공연과 공연 사이의 한낮에 편히 앉아 휴식을 취할 수도 있고, 향기로운 커피와 케이크를 즐기면서 시간을 보낼 수 있다. 토마젤리(Cafe tomaselli)와 퓌르스트(Fürst), 카페 자허(Cafe Sacher), 카페 바자르가 있다.

토마젤리는 유명한 카페로 지휘자 카라얀이 자주 들려 페스티벌 관계자와 이야기를 나눈 장소이다. 지금도 운이 좋으면 무대에서 볼 수 있는 세계적인 음악가들을 옆에서 만날 수 있다. 퓌르스트는 토마젤리 맞은

편에 있는 카페로 모차르트쿠겔을 처음 만들어 낸 곳이다. 카페 자허는 잘차흐 강 건너편에 있는 커다랗고 흰 건물이 유명한 자허 호텔의 1층에 위치한 카페이다. 커피와 더불어 '자허 토르테' 란 케이크가 널리 알려져 있고, 조용하고 우아하다. 카페 바자르는 자허 호텔 옆으로 신고전주의와 비잔틴 양식이 혼합된 인상적인 건물이다. 이곳은 잘츠부르크 최고의 카페로 고집과 우아함이 함께 느껴진다. 강 건너의 토마젤리가 관광객 중심이라면, 카페 바자르는 잘츠부르크 시민의 휴식처이다.

잘츠부르거 토르테(Salzburger Torte)는 인기 있는 화이트 초콜릿 케이크이며, 케이크 전체가 잘게 썬 화이트 초콜릿으로 덮여 있다. 케이크 시트는 얇게 잘라 화이트 초콜릿으로 만든 가나슈를 샌드하여 만들기 때문에 화이트 초콜릿의 맛을 더욱 풍부하게 느낄 수 있다.

3) 의의

잘츠부르크는 '소금의 성'이란 뜻을 갖고 출발하였고, 유럽의 많은 도시와 유사하게 고풍스러운 중세성곽도시로서의 모습을 간직하고 있다. 잘츠부르크 교외의 아름다운 마을, 미라벨 정원에서 올려다보는 호엔잘츠부르크 성의 멋진 경관, 게트라이데 거리 등 명소가 많다.

잘츠부르크는 예술, 특히 음악과의 연관관계에서 주목할 만하며, 불세출의 음악가 모차르트의 출생도시이자 이를 연고로 모차르트 가치를 브랜드화 하였다. 전 세계에서 많은 관광객이 모차르트 생가와 모차르트 동상을 보기위해 찾아오고, 모차르트초콜릿을 포함한 모차르트상품을 만들어 판매함으로써 브랜드가치를 높였다. 모차르트의 출생지라는 것 이외에 영화 <사운드 오브 뮤직>의 촬영지를 찾는 사람들도 이 도시를 찾는데 변치 않은 믿음으로 보답하고 있다.

잘츠부르크의 도시브랜드는 이곳을 당연히 들러야 하는 곳으로 만들어 버렸다. 사람들은 아름다운 곳에서 동화적인 일탈을 꿈꾸며, 옛 추억을 회상하고 어린 시설을 동경하거나 순수한 열정을 찾기 위해 이곳으로 몰려들고 있다. 잘츠부르크는 옛 것과 새 것이 조화로운 화합의 도시이자 음악이 살아있는 문화예술도시로서 자리매김하였다.

03 돗토리 _ 자연과 애니메이션 콘텐츠가 조화를 이룬 테마도시

1) 개요

돗토리현(鳥取縣)은 일본 남서부 동해 연안에 위치하며, 동부 돗토리시(鳥取市)를 비롯해 중부 구라요시(倉吉), 서부 요나고(米子)와 사카이미나토(境港) 등 3개 권역으로 나눈다. 이곳은 우리나라와 동해를 사이에 두고 시마네현(島根縣)과 함께 과거부터 교류가 이루어졌고 에도시대에 조선통신사 왕래가 많았다. 돗토리현은 행정구역 도도부현(道都府縣) 중 인구가 매우 적지만, 1995년 일본 정부가 승인한 수입촉진지역계획에 따라 한국·중국·러시아 등 동해와 접한 국가를 중심으로 국제무역의 거점을 만들기 위해 항만과 공항정비가 추진되었고, 한국과 항공편(인천-요나고)과 DBS 크루즈훼리(동해-사카이미나토)가 운항되었다. 2010년 드라마 <아테나: 전쟁의 여신>이 돗토리에서 촬영되면서 우리나라에서 인기를 끌었고, 애니메이션 요괴인간 타요마 <게게게노 기타로, ゲゲゲの鬼太□)>와 <명탐정코난(名探偵コナン)>의 작가의 고향으로 알려져 있다. 이곳은 돗토리사구가 입지해 자연관광의 의미가 제고되면서 자연과 문화콘텐츠의 공존을 통한 지속가능한 도시를 추구하였다.

돗토리현

2) 핵심 내용

(1) 도시의 상징

① 동부 돗토리

돗토리는 돗토리현 동부에 위치한 현청소재지이다. 동해 연안에 돗토리사구가 발달해 있고, 동해를 바라보는 해안, 돗토리성터와 메이지시대의 서양식 건축으로 국가중요문화재로 지정되어 있는 진푸가쿠(仁風閣)과 장난감박물관 와라베관 등이 있다. 돗토리사구와 해안은 일본 제일의 해안사구로 돗토리를 대표한다. 동서 16㎞, 남북 2.4㎞에 달하고, 해안사구임에도 고저 차가 최대 92m에 이른다. 낙타체험과 샌드보트 장소로 활용되고, 1955년 일본천연기념물 지정 후 2007년 일본 지질 100선에 선정됐다. 사구를 중심으로 좌우로 이나바의 하얀 토끼(因幡の白兎)의 무대가 된 하쿠토(白兎) 해안과 거센 파도가 깎아놓은 15㎞ 길이의 리아스식 우라도메(浦富) 해안이 발달해 있다.

돗토리사구

② **중부 구라요시**

구라요시는 서일본 여객철도 산인본선 돗토리와 요나고 중간에 위치하며, 1953년 10월 시로 승격했다. 이곳은 일본 유일의 배 테마박물관 돗토리 20세기 배기념관과 드라마 <아테나: 전쟁의 여신>의 촬영지로 알려진 에도와 메이지시대에 만들어진 창고거리 시라카베도조군(白壁土藏群)이 위치한다. 주변 미사사정(三朝町)에 800년 역사를 지닌 미사사(三朝) 온천이 있고, 산인 지방8경의 하나로 알려진 도고(東鄕) 호수(유리하마정, 湯梨浜町)가 동해로 흘러간다.

③ **서부 요나고와 사카이미나토**

요나고는 '산인 지방의 오사카'로 불리며, 철도, 자동차도로, 기타로 공항(鬼太□空港)이 연결되는 요충지이다. 1927년 4월 시 승격이래, 시마네현 마쓰에시(松江市)와 함께 산인지방의 양대 축의 역할을 한다. 사카이마나토는 JR 요나고역에서 40분 거리에 위치한 산인지방 동해 쪽 최대의 수산업도시이고, 시마네현 마쓰에시와 에지마(江島)대교로 연결된다. 환동해시대 국제무역항의 정비확충이 이루어졌고, 도시를 상징하는 높이 43m의 유메미나토 타워와 미즈키시게루(水木しげる) 거리가 알려져 있다.

거대한 눈알 요괴

미즈키 시게루 거리

(2) 도시이미지와 브랜드마케팅

① 접근성을 높이는 투자와 유치

돗토리현은 항공, 해상 및 철도를 활용해 관광객의 적극적인 유치를 실현하였다. 요나고공항은 원래 명칭 '미호비행장(美保飛□場)'보다 기타로공항'으로 더 잘 알려져 있고, 국제선 취항은 수요를 창출했고, 요나고공항역뿐 아니라 요나고와 돗토리역, 시마네현 마쓰에역을 연결하는 리무진버스를 운영한다. 2009년부터 DBS 크루즈훼리가 운항해 서일본 출입구 역할을 하였다.

기타로공항의 기타로

② 친환경적인 자연경관 이미지 강화

돗토리현은 동해에 연해 독특한 자연환경을 갖고 있다. 일찍부터 돗토리사구는 전국적으로 유명세를 탔지만 자연환경보호와 사구보존움직임이 강화되면서 오랜 동안 관광수요가 정체되었다. 그러나 일본 거품경제 붕괴로 인해 지역중심의 생존전략이 부각되면서 사구보전과 활용을 함께 얻으려는 시도가 이루어졌다. 사구중심의 자연경관의 혜택을 최대한 살린 이미지전략이 중점적으로 펼쳐지고 있다.

③ 애니매이션을 활용한 콘텐츠개발

일본은 애니메이션 천국이며, 테마의 연속성은 잘 알려져 있다. 데즈카 오사무(手塚治)의 <우주 소년 아톰(鐵腕アトム)>과 나가이고(永井豪)의 <마징가제트(マジンガ_Z)> 같은 만화는 반세기가 지난 지금도 연속성이 강하다. 일본 자자체는 역사인물과 문학작품콘텐츠의 자원화뿐 아니라, 만화나 애니메이션을 연계한 이미지브랜딩에 집중하였다.

▪ 미즈키 시게루와 요괴 기타로

사카이미나토역 앞 거리는 미즈키 시게루의 만화 <게게게노 기타로>에 등장하는 기타로, 네즈미오토고(쥐 남자), 메다마오야지(눈알 아저씨) 등 캐릭터가 출현하고, 800m의 미즈키 시게루 거리에 139개의 요괴 청동상이 늘어서 있고, 요괴신사와 낙원, 캐릭터상점이 줄지어 있다.

조용한 항구마을은 요괴의 마을로 변화되어 관광객을 불러 모았고, 사카이미나토역과 요나고역 간 요괴를 테마로 한 색의 특별열차(기타로열차: 청색, 네즈미열차: 황색, 네코무스메열차: 분홍색, 메다마오야지열차: 녹색)가 운행되었다.

요괴열차

요괴열차 운행역 명칭 안내판

▪ 아오야마 고쇼와 명탐정 코난

돗토리현 도하쿠군(東伯郡) 호쿠에이정(□榮町)에 위치한 아오야마 고쇼(青山剛昌) 후루사토관은 만화 <명탐정 코난(名探偵コナン)> 관련 전시관으로 2007년 3월 개관했다. 아오야마 고쇼를 기념해 코난마을을 계획하고, 코난거리와 다리, 코난박물관까지 조성된 사례이며, 도로 맨홀 뚜껑부터 가로등까지 코난이 아닌 것이 없다. 2012년 4월부터 명탐정 코난의 일러스트가 그려진 래핑열차가 돗토리↔요나고를 운행하고 있다.

명탐정코난

명탐정코난 기념관

④ **드라마촬영지를 활용한 도시마케팅**

대중문화의 한 장르로서 영화나 TV드라마는 관광지에 대한 인지도, 매력성 및 수익성을 높여 줌으로서 장, 단기간 동안 도시인지도와 이미지 개선에 기여할 수 있고, 전통적인 홍보방법보다 오랜 시간 동안 대중에 노출될 수 있다는 장점이 있다. 드라마 <아데나: 전쟁의 여신>의 촬영은 돗토리 전역(기타로공항을 시작으로 돗토리사구와 해안, 시라카베도조군(白壁土藏群)과 인근 거리, 다가타 슈조 술창고(倉吉市), 도고호수 린카이공원(湯梨浜町), 미사사온천(三朝町), 하나미가타 묘지와 다이센 산 주변(琴浦町), 사카이미나토 항구와 DBS 크루즈 훼리선상 등)에서 이루어졌다.

드라마 촬영지투어

‘일본 돗토리 중부 한국인기 TV 드라마 촬영지 만끽투어’가 2011년 4월부터 ㈜농협관광 돗토리지점과 돗토리중부 국제관광 서포트센터 주최로 주 3일 실시되었다. 이 상품은 구라요시역터미널→시라카베조도군→다가타 슈조 술창고→식사(규고츠라면 포함)→나미가타 해안묘지→아오야마 고쇼 후루사토관→ 도고호수 린카이공원→미사사온천 족욕→구라요시역으로 구성되었고, COVID-19 이전까지 현의 곳곳을 많은 팬들이 찾은 바 있다.

3) 의의

돗토리현은 지정학적으로 일본의 중심이 아닌 서남부에 위치해 발전이 뒤진 곳이다. 그러나 사카이미나토 항과 요나고공항 정비 추진을 통해 해외교류 분위기를 만들어 국내뿐 아니라 해외관광객 유치전략을 추진하였고, 자연과 애니메이션 콘텐츠를 활용하여 이미지브랜드화에 노력하였다. 일본 최대 사구에서 ‘돗토리사구 일루미네이션’을 열

어 친환경적인 자연경관 이미지 강화하였고, 만화와 드라마콘텐츠를 활용하여 2012년 8월 '국제만화박람회(國際まんが博)'를 성공적으로 개최해 '만화왕국' 도시의 상징, 애니메이션을 활용한 관광이미지를 지역 내 도시의 고유브랜드로 자리매김하였다. 또한 <아테나: 전쟁의 여신>의 촬영지를 명소화하여 한류마니아의 자국관광객과 한국관광객을 유치하는 정책을 펼쳤다.

돗토리현 이미지의 묘미는 돗토리사구와 주변 해안이 돗토리현의 자연뿐 아니라, 새롭게 창조된 '요괴거리'나 '코난열차'로 인하여 엉뚱한 상상력과 만화의 신비로움이 외래관광객의 눈을 사로잡기에 충분하다는 것이다. 애니메이션 콘텐츠의 혜택은 시대와 세대를 이어가는 연속성에 있고, 캐릭터 기타로와 명탐정 코난은 도시에 뿌리를 살아 움직이고 있는 듯하다.

이러한 도시이미지 브랜딩은 도시의 환경이나 기반시설이 유사한 우리나라 도시도 적용할 가치가 있다. 대규모 관광단지나 새로운 관광지 개발 추진 그리고 하드웨어 구축에 초점을 두기보다 오히려 소규모지역의 기반확충, 도시재생과 지속가능한 도시개발에 중점을 두는 것이 우선되어야 한다는 것을 돗토리에서 확인할 수 있다.

04 바르셀로나 _ 가우디의 작품과 만나는 문화예술도시

1) 개요

바르셀로나는 남유럽 이베리아반도에 위치한 카탈루냐의 중심도시이자 지중해의 아름다운 바다가 있는 항구도시이다. 바르셀로나는 수도 마드리드와 색채가 상이한 것이 특징이며, 1992년 하계올림픽 개최지,

FC 바르셀로나로도 잘 알려져 있다.

바르셀로나는 역사적으로 중요한 고딕지구를 갖고 있고, 우뚝 서 있는 콜럼버스 기념비는 바르셀로나의 역사적 중요성을 가장 뚜렷하게 나타내는 기념물이다. 그러나 오늘날 도시를 더욱 가치 있게 만든 것은 절대왕정의 권력이나 종교의 믿음이 아니라 한 개인의 창조성에서 비롯되고 있다. 바르셀로나는 안토니 가우디(Antoni Gaudi)의 도시라는 브랜드를 갖고 있고, 가우디의 도시답게 바르셀로나는 유네스코 세계유산에 등재된 가우디걸작이 곳곳에 있다. 가우디의 작품이 없었다면 지금의 바르셀로나를 찾는 방문객수는 절반 아니 그 이하로 줄었을 지도 모를 만큼, 가우디가 현재의 바르셀로나를 먹여 살리고 있다고 할 수 있다.

2) 핵심 내용

(1) 도시의 상징

① 가우디의 작품

안토니 가우디의 작품(Works of Antoni Gaudi)은 고대 로마건축과 고딕양식 전통에 당시 유럽 카탈루냐에서 유행한 아르누보 양식을 도입했고, 파격적인 기괴한 외형과 곡선을 사용한 유기적 구조를 특징으로 하여, '모데르니스모' 와 같은 당시 문화와 예술적 흐름과 관련된 중요한 가치의 변화를 나타냈다. 그의 작품은 자연의 형상에 영향을 받았고, 곡선으로 구성된 돌, 구부러진 고철 조각품 및 유기적 형태를 이용한 건축 특성을 반영하였다. 그는 건축에 모자이크 양식으로 배열된 색채타일을 이용해 색채 의미를 부여하였다. 가우디의 도시계획은 현재 도시설계에서 말하는 최고고도제한 높이를 염두에 두고 설계되었다. 그것은 건물을 몬주익(Montjuic) 산 높이 보다 1m 낮게 설계하였고, 19세기 후반 이미 인간을 배려하고 환경과 조화를 고려한 현대 도시개발의 지향점을 지녔다. 왕조나 문화공동체의 유산이 아닌 개인 창조물이 세계유산에 등재된 점이 드물며, 1984년 구엘저택, 구엘공원, 카사밀라가 세계유산에 등재된 후 2005년 바르셀로나의 가우디작품(카사비센스, 구엘저택, 구엘성지 납골당, 구엘공원, 카사바트요, 카시밀라, 성가족성당)으로 확대되었다.

▪ 구엘공원

구엘공원(Parc Guell)은 바르셀로나 북쪽 언덕 위에 위치하며, 공원 어디에서도 직선과 각을 찾아 볼 수 없는 둥글고 부드러운 곡선으로 이루어져 있다. 정면 입구를 지나면 두 갈래 계단이 있고, 천재성이 돋보이는 모자이크장식은 주 출입구의 계단부분과 뒤로 이어지는 도리아식 신전 천정과 신전 위에 만들어진 광장의 거대한 뱀의 형태를 취한 의자 등이다. 입구 계단 중앙부분은 커다란 도마뱀, 카탈루냐 문장, 뱀 머리를 조합한 모자이크 장식으로 구성되어 있고 동시에 분수로 활용되고 있다. 85개 기둥으로 구성된 신전과 회랑은 시장으로 계획된 곳이며, 동굴형태 산책로에서 볼 수 있는 지형을 극복해 비스듬히 세운 벽과 기둥은 자연적 구조미의 절정이다.

구엘공원

▪ 카사밀라

카사밀라(Casa Mila)는 가우디가 마지막으로 설계한 민간건축이며, 1906년 착공되어 1910년 완공되었다. '라 페드레라(La Pedrera)'라고 하며, 물결치는 구불구불한 외관이 특징이다. 동굴 같은 출입구, 독특한 모습의 환기탑과 굴뚝이 특색 있고, 건물외부는 큰 돌 덩어리에서 동굴처럼 솟아난 발코니와 창문이 만들어내는 물결무늬로 이루어져 있다. 지붕은 거대한 모래언덕과 같이 솟아올랐고, 여러 색 모자이크로 덮인 굴뚝이 놓여 있다. 건물 안쪽에 건물을 가로질러 중앙축 역할을 한 2개의 안뜰이 있다.

카사밀라

■ 카사바트요

카사바트요(Casa Batlló)는 1905년부터 3년 동안 개축한 건물로 지상 7층, 지하 1층으로 이루어져 있다. 카사밀라와 마주 보고 있고, 건물의 이름은 'Casa de los huesos(카사 데 로스 우에소스)'로 뼈로 만든 집(House of bones)이란 의미이다. 벽면에 가우디 특유의 스타일인 깨진 세라믹 조각으로 모자이크하였고 황색, 녹색, 청색을 가미해 색채 면에서 옆에 위치한 다른 건축물과 대조를 이룬다. 바다를 주제로 하여 아침 해가 비추면 마치 지중해 파도 속에 떠다니는 해초와 작은 동물 같은 분위기를 느낀다.

카사바트요

▪ 성가족 성당

성가족성당

성가족 성당(Sagrada Familia)은 바르셀로나의 상징이자, 미완성 건축물로 세계에서 유일하게 세계유산에 등재되어 있다. 높이 솟은 나선형 돔과 포물선 지붕은 견고한 건축물이 아니라 부드러운 흙으로 빚은 조형물 같다. 이런 모습은 흔히 볼 수 있는 세계의 유명 성당과 차이를 보이고, 성당 곳곳에 성서에 기록된 장면을 조각으로 장식해 놓아 종교건축임을 알 수 있다. 중앙에 솟은 돔은 예수 크리스트를 상징하며 성당의 현관 이름 '탄생', '수난', '영광' 은 각각 '생(生)', '사(死)', '부활'을 의미한다. 3개 각 현관에 4개 종탑이 있고, 12개 종탑은 12사도를 상징한다. 가우디는 1883년부터 교통사고로 사망한 1926년 6월 7일까지 이곳을 완성하기 위해 작업했다. 2026년 대성당이 완성될 것으로 예측된다.

② 도시의 랜드마크

▪ 콜럼버스기념탑

콜럼버스기념탑

콜럼버스기념탑(Monumento a Cristobal Colon)은 콜럼버스의 아메리카 신대륙 항해를 기념하기 위한 탑으로 1888년 바르셀로나 국제엑스포를 위해 만들어졌다. 60m 높이의 탑 위에 신대륙을 손으로 가리키고 있는 콜럼버스 동상이 세워져 있다.

▪ 고딕지구

고딕 지구(Gothic Quarter)는 구시가의 중앙에 위치한다. 원형 그대로 보존된 13~15세기 건축물과 카탈루냐 자치정부청사, 시청사가 자리한다. 역사적, 정치적으로 중요한 의미를 지닌 바르셀로나 관광의 중심지로 남서쪽으로 람블라스거리가 이어진다.

▪ 몬주익

몬주익 성은 몬주익(Montjuic) 언덕 꼭대기에 있는 전망대로서 바르셀로나 시내와 지중해를 끼고 있는 장관을 볼 수 있다. 성의 기원은 1640년 농민전쟁(Segadores) 당시 세워졌고, 스페인 왕위계승전쟁(1701~1704) 때 전투기지로 사용되었다.

(2) 카탈루냐의 문화와 이벤트

카탈루냐는 지역적으로 스페인에 속하지만, 전통적으로 문화적, 언어적 정체성을 유지한 지역이다. 19세기 후반, 카탈루냐에서는 민족운동에 이은 상업 발달과 문예부흥을 배경으로 이곳의 독자적 민족주의를 표현하고자 하는 욕구가 강해졌고, 스페인 본토와는 다른 이색 문화를 자부한다. 카탈루냐어와 스페인어, 두 가지의 공식어가 사용되고, 카탈루냐어는 카탈루냐가 지리적으로 스페인의 북쪽에 위치하는 관계로 프랑스어 영향을 받았다. 화가 파블로 피카소(Pablo Picasso, 1881~1973), 호안 미로(Joan Miro, 1893~1983), 달리(Salvador Dalí, 1904~1989) 같은 근세 미술사를 대표하는 거장을 배출하였다.

① 산타 에우랄리아 축제

산타 에우랄리아 축제(Festes de Santa Eulalia)는 라라이아(La Laia) 라고도 하며, 2월 12일 산타 에우랄리아의 날을 기념하는 축제가 2월 둘째 주에 열린다. 시청 앞 광장이 중심지이며, 바르셀로나 시의 수호성녀 에우랄리아 또

산타 에우랄리아 축제

래나 어린이를 위한 행사가 준비된다. 거인인형 퍼레이드와 인간탑쌓기(세계유형문화유산)를 볼 수 있다.

② 메르세 축제

메르세 축제(La Mercè)는 9월 도시의 수호성인 자비의 성모 마리아를 기념하는 종교축제이다. '메르세축제' 라는 명칭은 '성모 마리아의 축제' 를 의미하며, 바르셀로나 시 전역에서 펼쳐진다.

③ 바르셀로나 올림픽

바르셀로나 올림픽(The 25th Olympic Games)은 1992년 7월 25일부터 8월 9일까지 16일간 개최되었고, IOC 183개 회원국 중 169개국의 9,356명의 선수가 참가한 당시 최대 규모였다. 우리나라 황영조 선수가 몬주익(Montjuic)을 달린 마라톤에서 2시간 13분 23초로 우승하여 1936년 베를린 올림픽의 영광을 재현했다.

④ FC 바르셀로나

FC 바르셀로나(FC Barcelona)는 1899년 창단된 프로축구구단이며, 줄여 '바르샤'라고 한다. 라이벌 레알 마드리드(Real Madrid)와의 경기는 엘 클라시코(El Clasico)라고 하고, 홈구장은 캄프누(Camp Nou)이다.

FC 바르셀로나

3) 의의

바르셀로나는 시 자체가 예술작품이라고 할 정도로 독특한 건축이 즐비하다. 도시는 카탈루냐 지방에 속해 고유의 전통을 지닌 문화적 측면, 지중해에 접해 있는 자연적 측면, 이슬람영향을 약 1세기 정도 밖에 받지 않아 상대적으로 타 지역보다 영향이 적었던 측면, 1992년 하계올림픽을 유치한 국제도시라는 사회적 측면 그리고 가우디작품으로 가득 찬 문화예술도시라는 측면이 작용하고 있기 때문이다.

전 세계에 특정인물을 중심으로 브랜드화한 도시가 많지 않은데, 바르셀로나는 여기에 속한다. 바르셀로나를 문화도시로 꼽을 수 있는 이유는 무엇보다도 유네스코 세계유산으로 등재된 여러 유럽의 도시와 달리, 그 대상이 절대왕국이나 종교적 소산이 아니라 평범한 개인이 만든 창조물의 범위에서 시작하였고, 작품들이 예술로 승화되어 자연과 인간이 결합된 도시를 만들었기 때문이다. 바르셀로나의 기본방향은 '깨끗한 도시 만들기' 혹은 '작은 쓰레기도 남기지 않기' 같은 도시캠페인, '바르셀로나를 예쁘게 만들어요!' 같은 슬로건을 통해 스페인 카탈루냐의 전통을 계승하려는 도시의 의지를 강하게 나타내고, 과거 유산을 보전하면서 현대에서 실용적으로 활용한 도시정책과 그곳에 살고 있는 시민들의 자긍심이 조화를 이루고 있다.

바르셀로나와 서울은 유사점이 많다. 수도가 아닌 것은 차이점이지만, 바르셀로나도 오랫동안 카탈루냐의 중심도시 역할을 하였다. 하계올림픽을 1988년(서울)과 1992년(바르셀로나)에 개최한 점, 월드컵 축구대회를 1982년(개최도시 바르셀로나 포함)과 2002년(한일 공동)에 개최한 점을 고려할 때 메가이벤트를 성공적으로 개최하였다. 바르셀로나는 도시디자인을 천년대계로 생각하고 이미 140여 년 전부터 장기적인 안목과 계획을 통해 미래지향적 건축물의 도시브랜딩을 실현한 도시이다.

CHAPTER 04

경제, 평화, 정치를 지향하는 국제도시

01 브뤼셀 _ 경제와 정치기능이 강한 '유럽의 수도' 국제업무도시

1) 개요

브뤼셀(Brussel)은 벨기에의 수도이자 정치, 경제, 문화, 교통의 중심지이다. 브뤼셀은 '늪지대의 정착'을 의미하는 브로셀라(Brosella)에 어원을 두었다. 브뤼셀은 14세기에 약 8㎞의 성벽을 갖춘 중세도시가 되었고, 현재 성벽이 남아 있지 않지만 시내에 성벽 자리를 따라 5각형대로가 건설되어 그 위치를 알려준다. 중세 이래, 수차례 통치자가 변했고, 15세기 브루고뉴 가문 때 그랑플라스와 시청사가 건설되었으나 17세기 루이14세 통치 때 파괴되었다. 나폴레옹전쟁 이후 수도 기능을 담당하며 발전하였고, 1830년 독립 후 수도 지위를 유지하고 있다. 브뤼셀에 위치한 수십 개 국제기구는 2차 세계대전 이후 설립된 것이고, 유럽공동체 유치는 브뤼셀이 유럽수도 기능을 담당하는 결과를 가져왔다.

브뤼셀은 런던에서 316㎞, 파리에서 308㎞, 암스테르담에서 202㎞,

쾰른에서 219㎞, 룩셈부르크에서 213㎞, 코펜하겐에서 924㎞의 거리를 두고 주요 유럽국가의 거의 중앙에 자리 잡고 있다. 브뤼셀이 유럽연합(EU, European Union)과 북대서양조약기구(NATO, North Atlantic Treaty Organization)의 본부가 있는 유럽의 중심도시가 된 것이 지리적 배경만은 아니었지만, 위치적 이점도 고려되었을 만하다.

2) 핵심 내용

브뤼셀은 도보로 이동할 수 있고 명소도 시내에서 멀리 떨어지지 않은 것이 특징이다. 브뤼셀 시가는 서쪽의 상업지구와 동쪽의 주택지구로 구분되고, 주택지구의 중앙부는 루아얄로(路)가 뚫려 있고, 이를 따라 국회, 왕궁, 박물관, 재판소 등 건물이 줄지어 있다. 상점이 즐비한 상업지구의 중앙부는 그랑플라스(Grand Place)가 있고, 근처에 유명한 오줌누는 소년((Manneken Pis) 동상이 있다. 상업지구의 일부분은 중세도시의 모습을 담은 마을이 있지만, 도시 전체는 근대화의 방향을 따르고 있고 고층건축이 들어섰다. 브뤼셀 그랑플라스와 주변 건축물은 1998년 유네스코 세계유산에 등재되었다.

(1) 도시의 상징

① 그랑 플라스와 주변

그랑플라스는 브뤼셀의 보석이라 할 수 장방형 광장에서 일년내내 시민의 즐거움이 되는 이벤트가 끊이지 않는다. 빅토르 위고가 '세계에서 가장 아름다운 광장'이라고 극찬하였고, 그의 집필공간이 남아 있는 이 광장은 동서 110m, 남북 70m의 브뤼셀의 핵심이다. 광장은 건물이 빼곡히 늘어서 있어 건축물의 전시장을 이룬다. 이곳은 꽃시장과 정치의 집회장이며, 광장을 중심으로 시청사, 왕의 집, 길드 하우스가 둘러싸고 있다.

시청사(Hotel de Ville)는 15세기 고딕 건축으로 건물정상에 악을 물리치는 브뤼셀의 수호신 '성 미카엘(Saint Michel)'의 동상이 있다. 왕의 집(Maison du Roi)은 그랑플라스의 명소로 1515년 건축되었다가 파괴되었고, 1860년부터 약 25년에 걸쳐 복원되어 현재 시립박물관으로 이용되고 있다. 내부는 도시역사를 이해할 수 있는 사료가 보관되어 있고, 브뤼셀의 역사적 명물과 오줌누는 소년에게 기증된 옷들이 전시되어 있다.

그랑 플라스

왕의 집

시청사

② **오줌누는 소년**

오줌누는 소년은 1619년 제롬 뒤케노스가 만든 동상이다. 동상은 '꼬마 쥘리앙'이라는 애칭으로 불릴 만큼 시민의 사랑을 받고 있다. 왕의 집, 그랑플라스, 시청에서 보관하고 있는 동상의 의상은 미키마우스복장과 엘비스 프레슬리 같은 특이한 복장을 포함한다. 1698년 네덜란드 총독을 시작으로 브뤼셀을 방문한 국빈들이 꼬마 쥘리앙을 위해 옷을 만들어와 입힌 것이 관례화 되었다. 동상은 '어린 소년이 마녀가 살던

오줌누는 소년 동상

집 앞에 오줌을 싸서 그녀가 너무 화가 나서 소년을 동상으로 만들어 버렸다.'는 전설이 있다.

③ 생미셸 대성당

생미셸 대성당(Cathedrale St. Michel)은 중앙역에서 북쪽으로 걸어가면 나타나는 13~16세기의 고딕양식 성당이다. 중앙 스테인드글라스 창에 있는 합스부르크의 막스 밀리언과 그의 부인의 그림은 스테인드글라스의 최고 결정체로 알려져 있다.

(2) 유럽의 수도

브뤼셀은 '유럽의 수도'라고 불린다. 이런 수식어가 붙는 이유는 유럽연합 집행위원회, 유럽이사회, 유럽의회 같은 주요 유럽연합기구를 비롯하여 북대서양조약기구, 유럽항공안전기구(Eurocontrol, European Organization for the Safety of Air Navigation), 세계관세기구(WCO, World Customs Organization), 베네룩스사무국 등 국제기구가 위치하여 유럽정책이 이곳에서 결정되기 때문이다.

① 유럽연합(EU)

유럽연합(EU)은 독일, 프랑스, 영국, 아일랜드, 벨기에, 네덜란드, 룩셈부르크, 덴마크, 스웨덴, 핀란드, 오스트리아, 이탈리아, 스페인, 포르투갈, 그리스, 체코, 헝가리, 폴란드, 슬로바키아, 리투아니아, 라트비아, 에스토니아, 슬로베니아, 키프로스, 몰타, 불가리아, 루마니아, 크로아티아 등 28개국을 회원국으로 하며, 1993년 11월 창립되었다. 배경은 1946년 영국의 윈스턴 처칠의 스위스 취리히 연설에서 시작되었고, 이 연설에서 유럽에도 UN과 비슷한 기구가 필요하다고 역설했다. 유럽석탄철강공동체(ECSC, European Coal and Steel Community), 유럽경제공동체(EEC, European Economic Community), 유럽원자력공동체(EURATOM, European Atomic Energy Community)를 거쳐 유럽공동체(EC, European Communities)로 이어지고, 1993년 유럽연합으로 탄생했다. 2000년대 들어 유럽의 정치변화와 함께 동유럽국가가 대거 가입했다. 유럽연합은 유럽 내 단일시장을 구축하고 단일통화를 실현하여 유럽경제와 사회발전을 촉진하는 것과 아울러 공동방위정책을 포함한 공동외교안보정책을 수립, 이행하여 국제무대에서 유럽의 이익을 제고하는 데 의의를 두었다. 유럽연합은 유럽시민권제도를 도입하여 회원국국민 권리와 이익보호를 강화하고, '자유·안전·정의'를 공동영역으로 확대 발전시키고자 한다.

② 북대서양조약기구

북대서양조약기구(NATO)는 1949년 미국 워싱턴 DC에서 조인된 북대서양조약을 기초로 미국과 캐나다 그리고 유럽 10개국 등 12개국이 참가해 발족시킨 집단방위기구이다. 28개국이 회원국으로 가입되어 있고, 본부는 벨기에 브뤼셀에 두고 있다. 1991년 바르샤바조약기구가 해체되자이에 대응하기 위하여 미국 주도로 지역분쟁에 대처하는 유럽안보기구 전략이 펼쳐지고 있다.

③ 유럽의 수도가 지역 사회에 미치는 영향

유럽연합(EU) 관련 지구가 브뤼셀 경제에 차지하는 비중은 매우 크다. 임대료와 고용창출을 비롯하여 이사회를 위해 EU 각 회원국 대표단의 방문 시 임대료 수입, EU지역과의 무역을 위한 기업입주, 외국인 유입에 따른 국제적 인구 증가, 주변상권형성 등에 따른 경제효과 유발하면서 브뤼셀 경제에 수익을 가져왔다. 물론 브뤼셀 사회의 분열을 초래한다는 우려의 시각도 있다. 지대상승과 국제화가 이 지역에 거주한 브뤼셀시민을 다른 지역으로 몰아내고, 결과적으로 EU 관련 지구가 브뤼셀의 부유층 외국인만의 장소처럼 변질될 것이라는 것이다. 그러나 브뤼셀 시민들은 일반적으로 EU 관련 지구에 대한 거부감보다 이 지구가 브뤼셀 경제에 주는 이익을 떠올리고 EU 관련 지구 형성으로 인해 브뤼셀이 유럽의 수도의 기능을 담당하고 있는 것에 자부심을 표시하고 있다.

(3) 초콜릿의 천국, 벨기에 브뤼셀

고디바(Godiva), 노이하우스(Neuhaus), 길리안(Guylian), 레오니다스(Leonidas)는 벨기에의 초콜릿을 유명하게 만든 이름 있는 명품브랜드이다. 질 좋은 코팅용 초콜릿을 생산하는 깔리보 역시 유명하다. 벨기에 초콜릿의 심벌은 단맛이 강하고 부드러운 질감이 특징인 프랄린(Praline) 초콜릿이다. 프랄린 초콜릿은 안에 프랄랭이나 크림, 견과류를 채워 넣고 초콜릿을 씌워 만드는 작은 미니초콜릿이며, 맛과 아름다운 갖가지 모양으로 전 세계인의 눈과 입맛을 사로잡고 있다.

벨기에 초톨릿(고디바, 노이하우스, 길리안)

3) 의의

벨기에 브뤼셀은 유럽연합수도이면서 유럽 각국의 산업, 경제, 문화의 요충지 성격을 갖고 있다. 브뤼셀은 국제업무도시에 걸맞게 많은 외국 기업이 들어서 있고, 이를 통해 경제적 이익 창출 효과를 누리고 있다. 물론 주민의 갈등이나 이주, 지가상승, 언어의 국제화 및 문화의 변질 등 지역사회에 대한 부정적 영향도 나타났지만, 도시의 생존의 필요성과 통합유럽의 시각이 변하지 않는다면, 국제업무도시로서 브뤼셀의 성장과 입지는 지속될 것이다. 벨기에 브뤼셀은 영국에 이어 유럽에서 두 번째로 산업혁명을 일으킨 국가의 수도답게 국제도시 지향적 정책을 펼쳤고, 그 결과 오늘날의 유럽의 수도로 정착할 수 있었다.

아울러 브뤼셀은 국제업무도시의 모습과 대조적으로 곳곳에 흩어져 있는 오래된 건물을 통해 중세도시의 향기를 물씬 풍기고 현대와 전통이 공존하는 매력적인 도시이다. 잘 알려진 그랑플라스의 '오줌누는 소년' 동상 같은 소박한 도시의 상징물은 우리나라의 도시재생에 있어서 관광브랜딩의 중요성을 잘 제시하는 사례이다. 지구촌시장을 주름잡고 세계적인 명성을 자랑하는 초콜릿 명품 브랜드 자체도 이 도시를 발전시키는 원동력이 되고 있다.

02 히로시마 _ 아픈 역사를 통해 평화를 내세우는 도시

1) 개요

히로시마(廣島)은 일본 혼슈 서부 주고쿠(中國) 지방 중앙에 위치하며, 세토내해의 150여 개 섬을 포함한다. 히로시마시는 현의 행정중심지로 일본 주고쿠 지방의 최대도시이다. 역사적으로 전국시대의 무장 모리테루모토(毛利輝元)가 성곽을 짓고 히로시마성이라고 명명한 것에서 비롯되었고, 19세기 후반 군사기능의 항구로 발전했다. 히로시마는 1945년 8월 6일 원자폭탄이 투하되어 도시 대부분이 파괴되었다. 8월 6일 현지시간 새벽 2시 45분 B29 폭격기 에놀라 게이(Enola Gay)호에 '리틀 보이(Little Boy)'라는 암호로 알려진 원폭을 탑재하였고 원폭파괴력을 측정하기 위한 촬영장비를 실은 항공기와 함께 남태평양 티니안(Tinian)을 출발했고 6시간 30분을 비행하여 오전 8시 15분 30초에 원폭을 투하했다. 폭발 순간 강한 열과 방사능이 사방으로 방사된 것과 동시에 주위 공기가 놀랍게 팽창하여 폭풍으로 변했다. 1945년 12월 자료에 의하면, 당시 사망자 수는 약 14만 명으로 추정되고, 도시 건물의 약 85%가 폭심지에서 3㎞ 범위에 있었기 때문에 피해가 전역에 미쳐 건물의 90% 이상이 파괴되었고, 운행 중인 열차도 전소하였다. 히로시마시는 도시기능을 재건하면서 원폭투하의 중심지 나카시마(中島) 지구에 평화기념공원을 조성하고 주위에 폭 100m의 평화대로를 건설하여 국제평화도시로서 발판을 마련했다. 히로시마 평화기념관, 원폭 돔은 원폭이 투하되었을 때 파괴되고 남은 유적이자 기억되어야 할 상징물로 인정되어 1996년 유네스코 세계유산에 등재되었다.

2) 핵심 내용

(1) 도시의 상징

히로시마 평화기념공원(Peace Memorial Park)은 세계평화를 기원하는 의미로 조성되었다. 공원 내에는 원폭 돔(原爆ドーム)과 히로시마 평화기념자료관, 히로시마 국제회의장이 자리 잡고 있고, 원폭돔과 평화기념자료관 사이, 평화기념관 남쪽으로 평화를 상징하는 기념물이 세워져 있다. 평화기념공원 외곽 서쪽 녹지에 한국인원폭희생자위령비가 조성되어 있다.

원폭 돔은 1915년 건설된 일본 히로시마시의 상업장려관의 잔해이다. 원래 지상 3층, 지하 1층으로 벽돌로 지어졌고, 건물 중앙에 돔 지붕을 둔 지상 25m 높이의 건물이었다. 원자폭탄의 폭발 직후 건물은 0.2초 동안 고열에 노출되었고, 0.8초 후 폭발의 충격파에 의한 폭풍을 맞았다. 건물 대부분이 완파되었지만, 중앙의 돔 부분은 완파를 면하여 외벽을 중심으로 건물 일부가 남았다. 1995년 일본의 사적으로 지정되었고,

원폭 돔

다음 해 1996년 12월 5일 유네스코는 아우슈비츠와 마찬가지로 인류가 같은 실수를 되풀이하지 않기 위해 기억하여야 할 상징이자 핵무기를 폐기하고 영원한 인류평화를 추구한다는 서약의 상징으로서 이곳의 세계유산 등재를 결정하였다. 당시 미국은 원폭 돔의 등록에 강력히 반대하였고, 조사보고서의 '세계에서 처음 사용된 핵병기'라는 문구를 지워버렸다. 중국도 일본의 전쟁에 대한 반성을 문제 삼아 기권했다. 2016년 5월 미국 버락 오바마(Barack Obama) 대통령이 국가원수로 최초로 이곳을 방문하였으나, 백악관은 "이번 방문이 1945년 원폭투하에 대한 사과의 의미는 아니다."라고 선을 그었다.

평화기념자료관은 지하에 피폭자가 묘사한 원폭 그림이 있는 전시실, 피폭체험자의 증언을 들을 수 있는 공간과 회의실을 마련해 역사·교훈의 학습장으로 이용된다. 동관 1층 로비는 1981년 2월 25일 교황 요한 바오로2세의 역사적 방문을 기념하는 로마교황 평화호소비가 세워져 있다. 평화기념자료관 북쪽 기념물 중 주목받는 것은 평화의 연못과 그 위로 연결된 원폭사망자위령비, 원폭어린이상이다. 평화의 연못은 폭

원폭사망자위령비

17m, 길이 70m로 원폭사망자위령비가 위로 떠오르도록 설계되어 있고, 원폭사망자위령비는 내부에 사망자 명부가 묻혀 있는 석실이다. 원폭어린이상은 1945년 8월 6일 두 살 때 피폭된 뒤 10년 만에 숨진 소녀 사사키사다코(佐々木禎子)를 추모하기 위해 세워진 것이며, 종이학 1000개 중 964개까지 접고 죽었다는 사다코는 고통받는 원폭피해자의 대변자이자 반전의 상징으로 여겨져 '천마리 학의 탑'으로 알려져 있다. 한국인희생자위령비는 당시 이곳에 거주한 한국인의 넋을 위로하기 위해 1970년 4월 10일 대한민국민단 히로시마현 지방본부가 건립하였고, 전통적인 석비를 계승하는 귀부와 이수 형태를 갖추었다.

원폭어린이상

한국인희생자위령비

(2) 평화기념도시로의 이미지브랜딩

① 평화도시를 향한 노력과 세계유산 등재

히로시마의 평화도시로의 변화는 1946년 8월 평화부흥시민대회를 개최하고, 다음 해 8월 6일 제1회 평화선언 발표와 1949년 8얼 6일 히로시마평화기념도시건설법의 공포로 공모된 설계도를 기초로 1950년대부터 법률에 기반을 둔 평화기념도시건설 세부계획이 추진되었다. 1952년

8월 6일 원폭사망자위령비가 최초 건립되었고, 1955년 히로시마평화기념자료관, 히로시마평화기념관, 히로시마시공회당이 건설되어 기념공원의 기반이 마련되었다. 1970년 노벨상 수상자를 초청하는 전후 최초의 국제평화회의를 개최했고, <히로시마 원폭의 기록>이 평화기념관에서 상영되었다. 1974년 10월 30일 세계연방도시선언 20주년을 기념해 평화의 탑 제막식이 거행되었고, 1980년부터 1988년까지 미국의 신문기자를 초청해 미국인들의 원폭에 대한 이해를 돕고 피폭실태를 취재하도록 지원하는 아키바프로젝트를 실시하였다. 1989년부터 평화를 테마로 한 뮤지컬 <Peace Child 히로시마>를 공연하여 어린이를 초청하였다.

1989년 4월 UN 군축 히로시마 강연회 '지금 세계는'을 시작으로 1990년대에 다양한 국제회의를 개최하였다. 1992년부터 히로시마 피폭시민에 의해 원폭 돔을 핵무기 공포와 평화를 상징하는 세계유산에 등재하자는 의견이 개진되었다. 1994년 12월 피폭 50주년을 맞아 '원자폭탄 피해자 보호에 대한 법률'이 제정되었고, 1996년 유네스코 세계유산에 등재되었다.

② 평화도시로의 첫걸음, 평화공원 조성 과정

평화기념 조성은 1940년대 말 히로시마대학 나가오카 효고(長岡省吾)의 평화기념자료관건립운동에서 비롯되었다. 이를 계기로 폐허의 중심 원폭투하지에 평화기념공원을 조성하자는 움직임이 본격화되었다. 1949년 8월 평화도시건설법이 제정되어 공원화가 이슈화되었다. 히로시마시는 원폭 돔의 피폭흔적을 후세에 보존해야 한다는 입장이었고, 가족을 잃은 시민들은 끔찍한 일을 기억하고 싶지 않다고 맞섰다. 학계와 시민단체가 참여한 10여 년 논쟁은 보존으로 결론 내렸고, 공원설계 공모에서 폭심지 주변을 평화기념공원으로 조성하자는 견해가 받아들여졌다. 히로시마는 전 세계에서 많은 추모객이 찾는 평화의 상징으로

변모했다. 피폭일 8월 6일은 학생과 시민단체활동가, 추모객이 전국에서 몰려와 평화기념식에 참가하며 원폭투하시간 8시 15분에 울리는 평화의 종소리에 맞추어 묵념을 올린다. 밤에는 시민의 평화메시지를 담은 등불을 강물에 띄워 보내는 도로나가시(燈籠流し) 행사가 열린다.

원폭으로 파괴된 전차

피폭 시간에 멈춘 시계

3) 의의

1945년 8월 6일 원자폭탄이 히로시마에 떨어졌다. 히로시마는 근대라는 시간을 공백으로 간직할 것으로 생각되었고, 약 80년이 지난 히로시마는 평화를 지향하는 세계유산을 간직한 국제도시로 변화하였다.

히로시마 원폭 돔은 다크투어리즘(Dark Tourism) 현장의 대표 사례이다. 다크투어리즘은 '전쟁·학살 등 비극적 역사의 현장이나 엄청난 재난과 재해가 일어났던 곳을 돌아보며 교훈을 얻기 위하여 떠나는 여행'을 일컫는 말이며, '역사교훈여행'이라고 한다. 건물의 골조만 남은 원폭돔이 1996년 유네스코 세계유산에 등재되면서 널리 알려졌고, 평화의 메신저 역할을 하고 있다.

히로시마는 '평화'라는 이미지에서 어떤 도시보다 앞서 있다. 크게 강조되지는 못하고 있지만, 히로시마 역시 일본의 다른 도시와 같이 지역문화축제가 열리고 있다. 3월 벚꽃축제와 여름 물불꽃축제(Water

Fireworks Festival)가 열리고, 매년 8월 6일 원폭 돔 근처에서 원폭희생자를 추모하고, 평화를 기원하는 취지에서 히로시마 등불축제가 열린다. 10월 둘째 주 토, 일요일은 사케축제가 열리고, 겨울(11월 중순~1월 초)에 'Dreamination'이라는 불빛장식이 도시를 꾸민다.

히로시마는 원폭폐허의 중심을 보존하여 도시재생을 이루어냈고, 도시이미지의 묘미는 아픈 역사와 평화로운 현재가 공존한다는 점이다. 1994년 히로시마 아시안게임은 국가의 수도가 아닌 지방 도시에서 열린 최초의 지역이벤트였다. 도시의 적극적인 마케팅은 히로시마의 국제도시 입지를 강화하였다. 히로시마는 원폭으로 인해 얼룩진 과거만 남아 있는 도시가 아니라, 과거 속에서 미래비전을 찾아서 있는 그대로의 문화유산을 보존하면서 국제평화에 기여한 도시로 비추어지고 있다.

03 브라질리아 _ 도시계획에 의해 무에서 유를 창조한 디자인과 건축의 수도

1) 개요

브라질리아(Brasilia)는 '과거가 없는 100% 계획도시'라고 한다. 이곳은 신수도계획에 의해 1956년부터 건설되기 시작하였고, 아무것도 없는 브라질 중부고원에 신도시를 만들어 냄으로써 수도건설의 이정표가 되었다. 브라질의 수도 건설은 17세기 후반부터 수차례 제안되었다. 도시계획은 1955년 주셀리노 쿠비체크(Juscelino Kubitschek) 대통령이 당선된 후 본격적으로 추진되었고, UN빌딩의 건축가 오스까르 니에마이에르(Oscar Niemeyer, 1907~2012)가 1956년 브라질리아 건설 프로젝트를 주도하고, 도시계획가 루시우 코스타(Lúcio Costa, 1902~1998)의 비행기 모형

설계가 채택되어 1957년 2월부터 시작되었다.

브라질리아는 제트기 모양을 하고 있고, 기념물이 모인 축으로 알려진 동서축은 1960년에 공식적으로 수도가 된 후 신도시의 행정타운이 되었다. 오스까르 니에마이에르의 건축은 수직 건물과 수평 건물들 사이, 직사각형의 양감과 곡선 처리된 표면 사이, 그리고 어떤 구조물들의 처리되지 않은 원자재와 잘 다듬어진 외관 사이의 지적인 균형으로 인해 형태의 순수성을 지녔다. 오늘날 브라질리아는 상파울루(São Paulo), 리우데자네이루(Rio de Janeiro), 사우바도르(Salvador)에 이어 4번째로 인구가 많은 도시로 성장하였다. 브라질리아는 철저한 설계에 바탕을 둔 도시구조 및 기하학적 건물형태로 인하여 1986년 유네스코 세계유산에 등재되었다. 이곳은 20세기에 건설된 도시 중 유일하게 세계유산에 등재된 도시이며, 1960년 완공이 끝난 후 27년 만에 세계유산에 등재되어 대기기간이 가장 짧은 세계유산이다.

2) 핵심 내용

(1) 도시의 특징

브라질리아 위성사진

브라질리아는 비행기모형으로 계획되어 중심축은 십자형으로 설계되어있고, 동축을 중심으로 남북 간 및 동서 간 간선도로의 수평적 배치를 통해 주요정부 부처, 산하단체, 금융권, 레저 등 업무영역과 거주공간을 분리·배치한 현대적 도시공학 개념이 적용되었다. 남북축은 주요 교통로를 형성하며, 동서축은 연방과 시의 공관이 늘어서 있어 도시경관이 뚜렷하게 구분된다. 동서축의 서쪽 끝에 시청과 산하

건물이 위치하고 있고, 동쪽 끝의 삼권광장 주변은 입법부, 사법부, 행정부의 3부기관이 있다. 남북축의 고속도로를 따라 날개지역이 형성되었고, 남쪽 날개와 북쪽 날개에 해당하는 지역은 주거지(아파트)가 밀집되어 있다. 고속도로가 남쪽날개와 북쪽날개 끝부분이 연결되어 있고, 보행자는 지하통로를 이용해 건너고, 차량은 가위모양으로 회전하며 방향을 바꿀 수 있도록 설계되어 있다.

도시건설 계획 및 공사는 쿠비체크 대통령의 임기 5년 이내에 맞추어 급속도로 진행되었고, 41개월 만에 완성되었다. 수도건설에 의해 내륙개발이 진행되었으나, 막대한 건설비가 국가재정에 큰 부담이 남게 되었고, 1970년대부터 1980년대에 걸쳐 브라질을 강타한 경제부진과 높은 인플레이의 원인의 하나가 되었다는 평가도 있다. 쿠비체크 대통령과 코스타, 니에마이에르는 기본적으로 50만~70만 명을 위한 거주지를 계획했으나 신도시 인구가 이미 300만 명 이상으로 증가하여 위성도시들이 늘어나는 인구를 흡수하고 있다. 2000년대 들어 주택공급, 인구증가, 토지이용과 도시정체성 변화, 건축물의 보존과 관리 등 문제가 도시의 위협요소로 등장하였다.

(2) 도시의 주요 상징

니에마이에르는 독특하고 초현대적 건축물로 도시경관을 채웠다. 비행기 모양을 하고 있는 브라질리아에서 머리에 해당하는 부분에 자리한 삼권광장(Plaza of Three Powers)을 비롯하여 건물을 받치고 있는 기둥과 많은 유리창을 활용한 것이 특징인 대통령 청사(Palácio do Planalto)와 대통령관저(Palácio da Alvorada), 연방최고재판소 같은 유사한 형태의 건축이 있는 반면, 국회의사당(위로 향한 접시 모양의 하원과 아래로 향한 접시 모양의 상원 건물), 왕관모양의 대성당(Catedral Metropolitana Nossa Senhora Aparecida)과 마주하고 있는 국립박물관, 피라미드를 본 뜬 국립극장

(National Theatre) 그리고 주셀리노 쿠비체크(Juscelino Kubitschek) 기념관 등은 모두 21세기형 모더니즘을 지향했던 걸작이다. 건조한 기후에 대비해 안정적인 용수공급을 위해 만든 44㎢의 인공호수 파라노아(Paranoá)도 의미 있는 상징이다.

연방최고재판소 건물 앞에 '눈을 가린 재판' 이름의 동상이 서있고, 이것은 과거 '불공평하던 재판'의 교훈을 정의로 나타내고 있다. 국회의사당은 남쪽은 위로 향한 접시 모양의 하원 건물을, 북쪽은 아래로 향한 접시 모양의 상원 건물을 배치하여 균형감과 조화미를 갖추고 있다. 국립극장(National Theatre)은 브라질리아 시내의 중앙역 근처에 위치하며, 멕시코 아즈텍신전을 변형한 피라미드 모양의 건축물이다.

연방최고재판소

국회의사당

(3) 문화예술과 이벤트

① 전통축제

브라질리아는 정치집회, 음악공연, 영화축제와 같은 행사를 위한 기반시설과 조직을 잘 갖춘 국제도시이자 비즈니스관광목적지이기도 하다. 전통종교축제로서 6월제(festa juninas)는 세례 요한(Johannes), 베드로(Peter), 파도바의 성 안토니우스(Saint Anthony of Padua) 등의 가톨릭성인을 기리는 대규모행사이며, 브라질의 건조지역은 우기가 끝나고 건기가 시작하는 때에 맞추어 비를 감사하는 의미를 담았다. 매년 9월 7일은 독립기념일 퍼레이드가 개최된다. 성탄절과 새해맞이(New Year's Eve)도 주요 행사이며, 그 외에 지역 및 국제적 행사가 곳곳에서 열린다.

② 스포츠와 삼바축구

축구는 브라질 전역에서 인기 있다. 브라질리아는 2014년 브라질월드컵의 개최도시였다. 경기장은 이스타지우 마네 가힌샤(Estádio Mané Garrincha)이며, 이곳은 브라질의 전설적인 축구선수 '작은 새' 가힌샤의 이름을 붙였다. 이 경기장은 2014 월드컵경기장 중 가장 높은 해발고도 1,100m에 위치하였다.

3) 의의

브라질의 수도 브라질리아는 국가안보, 내륙개발, 국가통합이라는 목표로 국가의 내륙지역으로 수도 이전이 이루어진 가장 성공한 도시로 인정받고 있다. 브라질리아는 국토의 균형발전을 위해 아무것도 존재하지 않던 지역에 무에서 유를 창조한 계획도시이며, 브라질 건축의 두 거장 코스타의 도시설계와 니에마이에르의 건축작업으로 이루어졌다. 두 사람은 거주지역과 행정지역의 배치부터 건물의 대칭성까지 모든 요소들이 도시의 전체디자인과 조화를 이루도록 설계하였고, 니에마이에르가 설계한 건축은 21세기에 보더라도 혁신적이고 창의적이다. 도시의 진가는 하늘에서 내려다봤을 때 뚜렷하게 확인할 수 있는데, 도시 전체가 날개를 편 거대한 비행기 모양을 하고 있는 모습이 나타난다.

브라질리아의 경우, 전반적으로 일반적인 도시가 갖고 있는 자연스러운 인간미가 부족하다는 것은 부인할 수 없다. 또한 도시가 수도로서 상징을 극대화한 도시로 평가받았으나, 자동차위주의 교통체계 및 주거와 상업기능의 원격분리 등 시민의 생활편리와 쾌적한 공간제공은 미흡

하다는 지적이 많다. 보행자에 대한 배려나 광장이나 공원이 부족하고, 사람들이 모여 살다가 자연스레 탄생한 도시에 있는 골목길도 없다. 모든 것을 완벽하게 예측하고 계획했다고 하지만 시간이 지나면서 예상치 못한 인구증가로 정체에 시달리고 있다. 이것은 브라질리아 건설 당시, 주변지역에 대한 고려가 부족했던 결과로 위성도시의 무분별한 팽창과 교통수요 급증을 초래하였다.

브라질리아가 전 지구촌에 단 하나 밖에 없는 독특한 설계를 펼쳤고, 도시의 이상을 지표공간에 실현한 유일 무의한 디자인과 건축의 도시로 자리 잡은 것은 분명하다. 도시는 인간에 의해 계획되어 실현된 그 사실만으로도 특별한 가치를 갖고 있다.

04 오타와 _ 캐나다의 수도, 캐나다를 대표하는 박물관의 도시

1) 개요

오타와(Ottawa)는 캐나다의 수도이자 온타리오주 동부에 위치하며 오타와강을 경계로 퀘벡주 가티노(Gatineau)와 맞닿아 있다. 오타와는 세인트로렌스 강의 지류 오타와강과 지류 리도강이 합류하는 지점에 있고, 지명도 오타와강에서 따온 것이다. 오타와강은 이 지역에서 살던 아메리카원주민 오다와(Odaawaa) 부족에서 유래한다. 오타와지역은 1826년 영국의 군인들이 첫 정착지를 설립하였고, 1867년 캐나다자치령의 수도가 되었다. 1931년 영국으로부터 독립할 때 캐나다의 수도로 남아있었다.

오타와는 캔버라(오스트레일리아), 워싱턴 DC(미국), 브라질리아(브라질)와 함께 신대륙의 대표적 행정수도로도 알려져 있으나, 캔버라나 브라질리아와 다르게 행정수도의 목적으로 새로운 도시를 만든 것은 아니고, 원래 있던 작은 도시가 새로운 행정수도로 지정되면서 발전하였다.

오타와는 오타와강 북쪽 기슭의 이웃한 퀘벡주의 가티노와 여러 개의 다리로 연결되고, 두 도시와 주변 지역이 수도권으로 지정되어 있다. 퀘벡주와 강 하나를 기준으로 접경하는 주간 국경도시의 성격을 갖기 때문에, 바로 옆 퀘벡주 방면 위성도시 가티노시 방향으로 프랑스계 캐나다인 인구를 흡수하며 성장하였다. 오타와를 수도로 고집한 배경은 영어권과 프랑스어권인 퀘벡 간 지역갈등을 해소하고자 하는 캐나다정부의 계산이 작용하였다. 리도운하(Rideau Canal)는 오타와남쪽에서 온타리오호수의 킹스턴항구까지 리도(Rideau)와 캐터라퀴(Cataraqui) 강의 202㎞에 이르는 19세기 초의 기념비적 구조물로 2007년 유네스코 세계유산에 등재되었다.

2) 핵심 내용

(1) 도시의 상징

오타와는 계획도시로 잘 만들어져 있다. 도심은 고도제한이 엄격하여 고층건물이 없고, 팔러먼트 힐(Parliament Hill)을 밑으로 하여 19세기에서 20세기 전반에 건축된 신고딕 양식의 건물이 중심이 된 스카이라인이 형성되어 있다. 오타와는 신대륙식 계획도시의 면모를 보이면서도, 상대적으로 다른 북미도시에 비해 유럽의 고전적인 분위기가 남아 있다.

팔러먼트 힐은 캐나다연방 국회의사당의 소재지로 오타와를 상징한다. 국회의사당은 네오고딕양식으로 설계되었고, 평화의 탑이 있는 센터블록과 이스트블록과 웨스트블록으로 나뉜다. 중앙 광장에 캐나다연방정부의 건국 100주년 기념하는 '꺼지지 않는 불꽃(Centennial Flame)'이 있다. 근위병교대식(Changing of the Guard)은 다홍색 유니폼을 입고, '베어스킨(Bearskin)'이라고 불리는 커다란 곰털 모자를 쓴 병사들이 파이프, 드럼, 브라스 악기의 연주에 맞춰 카르티에광장의 군훈련소(Cartier

Square Drill Hall)을 출발해 행진한 후 팔러먼트 힐에 오전 10시쯤 도착하여 사열과 교대식을 행하는 것이다. 이 교대식은 영국의 근위병 교대식을 모델로 1959년부터 시작되었다.

리도 홀(Rideau Hall)은 영국연방 왕국의 총독관저이며, 서섹스 드라이브 1번지이다. 여러 나라의 관저는 보통 영국의 버킹엄 궁전, 미국의 백악관, 네덜란드의 왕궁처럼 수도중심지에 위치해 있으나, 리도 홀은 반대로 오타와시의 외곽에 위치해 있어서 일종의 개인용 주택의 특징이 강하다.

오타와는 박물관의 도시이다. 9개의 국립박물관 중 6개가 위치해 있다. 특히 캐나다국립미술관(The National Gallery of Canada)은 유리로 된 건축 자체만으로도 하나의 예술품이며, 고흐와 세잔 등 유명 화가의 작품을 비롯한 방대한 미술품을 보유하고 있다. 이외에 캐나다 역사를 담은 캐나다자연사박물관(Canadian Museum of Nature)을 비롯하여 캐나다 과학기술 박물관(Canada Science and Technology Museum), 캐나다전쟁박물관((Canadian War Museum), 캐나다항공우주박물관(Canada Aviation and Space Museum), 캐나다농업음식박물관(The Canada Agriculture and Food Museum)

국회의사당

과 각 국가의 외교공관 그리고 종교상징도 있다. 노트르담 성당(Notre-Dame Cathedral Basilica)은 오타와에서 가장 오랜 역사를 지닌 가톨릭성당이다. '노트르담'은 성모 마리아를 뜻하며, 대성당지붕은 황금색 성모 마리아상이 아기 예수를 안고 있는 모형이 걸려 있다. 성모상을 중앙에 두고 첨탑이 세워져 있는 고딕양식 건축이다. 성당 근처에 바이워드 마켓(ByWard Market)과 캐나다국립미술관이 있다. 리도운하는 1812년 영미전쟁 후 영국군이 미국의 공격에 대비해 캐나다 식민지를 방어하고, 포 사정권 밖 안전한 수상로를 확보하기 위해 건설한 운하이다. 1826년 오타와에서 킹스턴까지 약 202km를 연결하였으나, 본래 목적대로 군사용으로 쓰인 적은 없다. 리도운하는 겨울에 얼면 세계 최대 규모의 스케이트장이 되고, 유람뿐 아니라 스케이트를 타고 출퇴근하는 사람이 많다.

근위병 교대식

리도 홀

꺼지지 않는 불꽃

(2) 문화와 이벤트

① 대륙을 넘은 이국적인 문화축제브랜딩

오타와는 캐나다의 역사와 궤를 함께해온 도시이다. 오타와는 영국 빅토리아 여왕에 의해 수도로 낙점됐고, 위치상 영국계와 프랑스계를 아우를 수 있는 중립지역이라는 것이 이유였다. 오타와는 동쪽 끝에서 다리만 건너면 프랑스문화권 퀘벡주이다. 영국과 프랑스의 문화가 공존하는 오타와는 봄 5월이면 10일간 세계 최대의 튤립축제(Tulip Festival)가 열린다. 네덜란드의 상징 튤립을 모티브로 한 축제가 영국계와 프랑스계를 아우르는 캐나다의 중립지역 오타와에서 열리게 된 배경은 흥미롭다. 제2차 세계대전 당시 전란을 피해 오타와로 온 네덜란드의 율리아나(Juliana) 공주가 본국으로 돌아간 후 감사의 표시로 10만 개의 튤립 알뿌리를 시에 선물했고, 1948년 여왕으로 즉위한 후에도 매년 수천여 개의 튤립 구근을 보내오자 튤립의 아름다움에 매료된 오타와 시에서 1953년부터 축제를 열게 되었다. 국회의사당의 동산은 율리아나 공주가 처음 선물한 10만 개의 튤립 알뿌리가 심어진 곳으로서 의미가 깊다. 튤립축제는 COVID-19 팬데믹으로 2020, 2021년은 온라인으로 만 진행되었다.

② 자연기후를 활용한 축제와 스포츠

오타와의 겨울은 추울 뿐 아니라 눈도 많다. 윈터루드 페스티벌 인 오타와(Winterlude Festival in Ottawa)는 캐나다 온타리오 오타와와 퀘백의 가티노에서 2월 3주 동안 열리는 눈 축제이다. 1979년부터 국립 수도권 위원회가 주최하는 겨울을 기념하는 축제로 오타와의 중요한 축제로 자리 잡았다. 오타와 중심에 있는 리도운하는 축제 동안 스케이트장과 뮤지컬, 콘서트장으로 바뀌고, 방문객은 세계에서 가장 긴 링크에서 스케이트를 즐길 수 있다. 퍼레이드, 댄스, 얼음조각대회, 스케이트경주 등 다양하고 규모가 큰 야외활동을 즐길 수 있다. 아이스하키는 캐나다 국기(스포츠)로 유명하고, 오타와에는 북미아이스하키리그(NHL)의 오타와 세너터스(Ottawa Senators)가 연고를 두고 있고, 홈구장은 캐네디언 타이어 센터(Canadian Tire Centre)이다.

3) 의의

오타와는 오스트레일리아의 캔버라, 미국의 워싱턴DC처럼 캐나다의 행정수도 역할을 하는 도시이다. 우리가 미국하면 뉴욕을 떠올리듯이, 흔히 캐나다하면 제일 먼저 머릿속에 떠올리는 도시는 토론토(Toronto)나 몬트리올(Montreal)이다. 이 때문에 캐나다의 수도를 이들 도시 중 하나로 여기는 사람 또한 많은데 캐나다의 정식 수도는 오타와이다. 오타와는 한 나라의 수도라고 생각되지 않을 정도로 도시는 여유롭고 사람들이 활기차다. 마천루도 교통체증이나 공해를 찾아 볼 수 없는 여유가 가득한 도시라는 점은 정말 매력적이다. 다시 말해 이곳은 국회의사당과 리도 홀을 포함한 중요 정부기관이 있는 것 말고는 영국 런던과 프랑스 파리 같은 정치도시와 전혀 다른 수도이다. 팔러먼트 힐과 노트르담성당, 세계유산 리도운하 등은 도시상징으로서 아름다운 경관이 돋보이며, 이곳은 많은 국립박물관이 자리 잡았기 때문에 캐나다를 대표하는 '박물관의 도시'로 자리매김 하였다.

오타와는 수도의 특성과 역사적인 시각에서 영어와 프랑스어를 둘 다 쓰는 주민이 많다. 영국계가 24.3%, 프랑스계가 21.5% 이지만, 아일랜드계(22.5%), 독일계(8.4%), 이탈리아계(4.9%) 그리고 기타 외국계도 22.3%에 달한다. 영국계와 프랑스계를 아우를 수 있는 중립지역의 성격을 갖기 때문에, 튤립축제와 같은 대륙을 넘은 이국적인 문화축제를 브랜드 화하였고, 도시의 자연기후를 활용한 스포츠축제를 통한 이미지 브랜드화가 도시를 지탱하는 원동력이 되었다.

오타와는 여러 조사에서 '살기 좋은 도시'로 선정되고 있다. 2021년 영국의 CIA 랜드로드 인슈런스사의 자녀 양육하기 좋은 도시 중 오타와가 7위에 선정되었다. 순위는 행복도, 삶의 질, 범죄율, 공해 등을 지표로 하였고, 오타와는 삶의 질에서 10위권 안에 든 도시 중에 가장 높았고, 범죄율과 공해는 가장 낮은 편에 속했다. 또한 미국 KISI의 2022 워라밸지수(Work-Life Balance Index)가 높은 도시에서도 전체 7위에 선정되었다.

CHAPTER 05

축제도시

01 베니스 _ 물의 도시, 문화도시, 축제의 도시

1) 개요

베니스(Venezia, Venice)는 이탈리아 베네토주 주도이자 아드리아 해에 접해있다. 베니스는 '물의 도시'로서 도시 전체를 관통하는 S자 모양의 '카날그란데(Canal Grande)'라고 불리는 거대한 운하가 형성되어 있다. 6세기경 훈족에게 쫓겨 살던 이탈리아 본토 사람들이 이주하여 간척을 시작, 도시를 건설하였고, 10세기 말 동부지중해 지역과의 무역으로 얻은 경제적 번영으로 이탈리아의 자유도시 중에서 가장 부강한 도시로 성장하였다. 베니스는 십자군원정에 힘입어 동방무역을 확대하고, 현재 그리스의 여러 섬을 비롯한 동부지중해 지역에 영토를 확대함으로써 14~15세기 초에 해상무역공화국으로서 전성기를 열었다, 15세기 때 공화국정치의 중심지 두칼레궁전(Palazzo Ducale)이 완성되었고, 이 무렵 베니스인구는 약 20만으로 추정된다.

16세기 오스만제국이 성장하여 베니스의 식민지를 빼앗아 갔고, 지중해 패권과 동방무역 중심지 역할을 잃게 된다. 17세기 들어 네덜란드가 해양무역 중심지로 부상하면서 베니스의 해상무역은 지위를 상실하였다. 1815년 오스트리아의 지배에 들어갔으나, 1866년 이탈리아에 편입되었다. 베니스는 고유의 문화와 전통을 발달시켰고, '축제의 도시'다운 베니스카니발(Carnevale di Venezia), 베니스레가타축제(Regata Storica), 베니스영화제(Venice International Film Festival) 등 문화이벤트가 활발하다. 베니스와 석호는 1987년 유네스코 세계유산에 등재되었다.

2) 핵심 내용

(1) 도시의 상징

베니스의 구시가지는 지난날의 공화국 번영시대의 모습을 간직하고 있고, 두칼레 궁전, 산마르코 대성당(Basilica San Marco)과 광장(Piazza San Marco), 이탈리아를 대표하는 3대 오페라 극장(로마, 밀라노, 베니스)인 라 페니체(La Fenice) 등은 건축과 문화예술의 보고로 알려져 있다. 두칼레 궁

산마르코 종탑

전은 베니스에서 가장 멋진 건물로 9세기경, 베네치아공화국의 총독의 성으로 지워졌다. 건물 외관은 백색과 분홍 대리석의 아름다운 문양으로 멋을 더해주고, 회랑은 개성 있는 기둥받침을 지닌 36개의 기둥으로 이루어져 있다.

두칼레 궁전

산마르코 대성당은 산마르코광장 동쪽 끝부분에 자리하고, 두칼레 궁전과 연결되어 있다. 비잔틴(Byzantine) 양식의 대표적인 건축물로 금박모자이크로 벽면이 가득 장식되어 있기 때문에 '황금의 교회(Chiesa d'Oro)'라는 별칭으로도 불린다. 산마르코(San Marco)는 마가복음의 성 마가(St. Mark)를 이탈리아식으로 부른 명칭이며, 이슬람 순교지에서 마가 성인의 유해를 빼내온 베니스상인의 재치와 신앙심을 볼 수 있다. 성당 정면 파사드 중앙 윗부분에 날개달린 사자가 보이며, 사자의 발 아래로 펼쳐진 성서는 마가복음이다. 신약성경의 복음사가(福音史家)는 마테오(사람), 마르코(사자), 루카(황소), 요한(독수리)로 알려져 있다. 산마르코 광장은 그 자체가 하나의 거대한 대리석 살롱이다(길이 175m, 폭 80m). 전 광장을 둘러싸고 회랑과 종탑이 설치되어 있다.

산마르코 대성당

대운하(Canal Grande)는 베니스 시 중심을 역 S자를 그리면서 관통하는 길이 3.8㎞의 넓은 수로이며, 이 운하를 따라 12~18세기에 걸쳐 세워진 궁전과 대성당, 리알토 다리 등을 볼 수 있다. 리알토 다리는 대운하의 중간지점에 놓인 베네치아의 명물다리이다. 목재였던 것이 불에 타 붕괴된 이후에는 16세기 지금의 대리석으로 바뀌었다.

리알토 다리

곤도라

(2) 문화와 이벤트

① 베니스 카니발

베니스 카니발은 매년 사순절 전날까지 10여 일 동안 열리는 이탈리아 최대 축제이자 세계 10대 축제로 꼽힌다. 카니발은 전 세계 가톨릭 국가를 중심으로 성대하게 펼쳐지는 크리스트교 축제이다. 부활절을 기준으로 축제 시작일이 매년 바뀌며, 보통 1월 말에서 2월 사이에 시작해 사순절 전날(Mardi Gras, 마르디 그라, 참회의 화요일)에 끝난다. 카니발은 크리스트교에서 예수 크리스트가 40일 동안 광야에서 고난을 겪은 것을 기념하여 신도들이 40일간 단식하는 사순절이 다가오기 전에 먹고, 마시고, 즐기는 것에서 유래하였다. 카니발의 어원은 첫째, 배 마차를 의미하는 라틴어 'Carrus Navalis'에서 왔다는 것, 둘째, '고기를 포기하다'를 의미하는 'Carnem Levare'에서 유래했다는 것, 셋째, 고기(Caros)

와 잔뜩 배불리다(Valens)의 합성어로 이루어졌다는 세 가지가 전해진다.

카니발의 기원은 948년 결혼식장에서 해적에게 납치당했던 7인의 신부가 무사히 구출되어 온 '마리 축제'에서 시작됐다. 기록상으로 첫 축제가 열린 것은 1039년이다. 산마르코광장을 중심으로 도시 전역에서 가면축제, 가장행렬, 연극공연, 불꽃축제가 열리고, 화려한 가면과 옷을 차려 입고 베니스 곳곳을 누비며 광장을 가득 메운 베네치아 시민과 관광객은 카니발 자체를 상징한다. 축제기간 동안 사용되는 가면을 통해 사람들의 신분과 계층차별에서 일시적으로 벗어나 무도회나 오락에 자유롭게 참여할 수 있는 전통과 현대를 아우르는 행사들은 카니발을 전 세계적으로 유명하게 만들었다.

② 베니스레가타축제

베니스레가타축제는 종교적 의의를 지닌 카니발과 달리, 자연적으로 발생한 유희적인 목적의 축제이다. 해상도시에서 생활하는 베니스인이 배를 이용하여 한곳에서 다른 곳으로 이동할 때 가고자 하는 목적지에 누가 먼저 도착했는지를 두고 시합을 벌인 것에서 유래하였다. 공정한 경기를 위해 경기출발 선상에 서있는 배들의 정렬 형태에서 '레가타'란 단어가 유래했고, 베니스공화국의 해군력 증강과 상권의 확장, 도시의 위용을 과시하는 역할도 하였다. 1797년 베니스공화국이 무너졌을 때 폐지되었으나, 1841년 오스트리아 정권 아래에서 부활되었다. 오늘날 축제는 9월 첫 번째 일요일 오후에 전통적으로 내려오는 규정에 따라 진행되고, 경주에서 이긴 승리자는 곤돌라 사공 사이에 존경의 대상이 되며, 상금과 상품이 주어진다.

③ 베니스국제영화제

베니스국제영화제는 1932년 5월 창설된 영화제로8월부터 9월초에 개최된다. 세계 3대 영화제(베니스, 깐느, 베를린)에 속하고, 최우수 필름으로 뽑힌 작품에 '황금사자상'이 수여된다. 개최 당시 파시스트 정권의 무솔리니 정부가 이탈리아 문화정책을 선전하기 위해 문을 열었기 때문에 정치적인 성격이 강하였으나, '영화의 품격을 격상시켜야 한다.'는 목소리가 제기된 후 영화제 본래의 목적을 되찾았다.

3) 의의

베니스는 하면 떠오른 수식어, '물의 도시', '축제의 도시', '문화의 도시' 이런 수식어는 베니스의 자연환경뿐 아니라 베니스 시민의 전통과 예술을 사랑하는 의식에서 싹튼 것이라고 할 수 있다. 베니스가 세계 최고의 도시가 된 것은 어디에서 찾을 수 있을까? 과거부터 해상무역도시 역할을 하였던 베니스는 상공업이 활성화되면서 경제기반을 다져왔다. 베니스가 중세유럽 상업도시의 메카로서 위세를 떨친 모습은 여전히 도시의 내면에 남아 있으며, 누구나 한번 쯤 접해봤을 만한 셰익스피어의 '베니스의 상인'의 배경지로서 수많은 영화나 드라마의 배경이 되기에 충분하다. 예술과 문화의 발달은 자연스럽게 전통적 자원이나 랜드마크 그리고 베니스카니발 같은 도시의 대표상품을 활용한 축제 도시 브랜딩에 집중을 하게 되었고, 지금까지 보전되고 있는 역사적 건축물 등 문화요소를 집합시켜 전통과 낭만의 도시, 관광과 문화의 도시로 자리매김 시켰다.

베니스를 세계 최고의 도시로 꼽는 이유는 베니스의 역사와 전통 그리고 문화를 축제라는 틀에 담아 발전시켰고, 수상활동을 위한 필수적인 도구로 존재했던 곤돌라를 도시의 상징물로 내세워 지속적인 관심을 부각시킨 것에서 찾을 수 있다. 고유의 문화와 전통예술을 더욱 더 발전시키고자 하는 베니스 도시의 노력이 바로 이곳을 가치를 창조하는 세계의 축제도시로 만들었다.

02 뮌헨 _ 옥토버페스트 축제의 도시

1) 개요

뮌헨(Munich, München)은 독일 바이에른주 최대의 도시이자 세 번째로 큰 도시이다. 뮌헨은 과거부터 이 지역의 금융, 상업, 공업, 교통, 통신 및 문화의 중심지 역할을 하였고, 정밀광학기기, 전기제품, 화장품, 의류, 맥주 등 제조업이 발달되었다. 1972년 제20회 하계올림픽이 열렸고, 1959년 제55차, 1972년 제73차 IOC총회 및 1971년 NOC(각국 올림픽위원회) 총회가 개최된 '올림픽 도시' 이기도 하다. 이곳은 맥주축제, '옥토버페스트(Oktoberfest)'를 집중 조명하여 축제도시가 되었다.

뮌헨의 유래는 옛 고산지대 독일어로 '수도승들의 공간'이라는 뜻을 가진 무니헨(Munichen)에서 유래하였다. 뮌헨은 12세기 이래 700년 동안 독일에서 가장 화려한 궁정문화를 꽃피운 바이에른왕국의 수도였고, 16세기 이후 르네상스와 바로크, 로코코양식의 문화유산이 곳곳에 남아 있다. 바이에른왕국은 프로이센이나 작센지방과 대립해 오면서 독특한 기풍을 키워왔다. 이것은 남부 지방 특유의 자연 조건인 밝은 햇빛과 깊은 숲, 아름다운 산줄기가 빚어낸 풍요로움의 영향이며, 바로 뮌헨에 녹아 있는 오랜 역사에서 확인할 수 있다. 뮌헨 시가지는 제2차 세계대전으로 크게 파괴되었으나, 전후 급속한 부흥으로 원형을 복원하였다. 후기 고딕양식의 프라우엔 교회(1468~1488년)는 양파형의 지붕을 가진 두 개의 높은 탑이 멀리서도 보이는 도시의 상징이다. 뮌헨은 남부독일의 철도교통의 요충지로 각 방면에 방사상으로 철도가 뻗어 있다.

2) 핵심 내용

뮌헨은 전후 폐허에서 재건을 이룩한 이래, 시내에 역사적인 건물과 현대의 인상적인 건축물이 조화를 이루고 있다. 19세기에 만들어진 4개의 주요 거리가 뮌헨 도심과 부도심의 다수 건물을 연결한다. 뮌헨은 2006년 FIFA 월드컵 당시에도 개최도시였다.

(1) 도시의 상징

뮌헨 중앙부는 마리엔 광장(Marienplatz)을 중심으로 신 시청사(Neues Rathaus)와 프라우엔 교회(Frauenkirche) 같은 명소가 몰려있다. 신 시청사는 네오고딕 양식으로 건립되었고, 총 85m의 탑과 종루의 특수 장치 인형 시계가 유명하다. 프라우엔 교회는 뮌헨 교구 중심으로 활용되고 있다. 슈바빙(Schwabing)의 레오폴트 거리는 뮌헨 대학 앞의 거리 명칭으로 예술가와 학생, 젊은이가 모이는 뮌헨의 몽마르트이자 20세기 초 이곳에서 활약한 바실리 칸딘스키, 마리아 라이너 릴케, 토마스 만, 파울클레 같은 예술가들의 영향으로 보헤미안적인 분위기를 풍긴다. 레지덴츠 궁전단지(München Residenz Palace)는 뮌헨의 구시가지 외곽에 위치한 옛 바이에른 왕가의 궁전으로 박물관으로 사용 중이다. 레지덴츠 궁전은 르네상스, 바로크, 로코코 등 다양한 양식으로 장식된 100여 개 방에 미술품과 보석을 전시하고 있다. BMW(Bayerische Motoren Werke) 박물관은 '자동차의 나라'를 대표하듯 세계 명차 BMW의 역사를 한 눈에 볼 수 있다. BMW는 1916년 뮌헨에서 창업자 구스타프오토와 칼 라프에 의해 항공기 엔진공장으로 출발했다. BMW의 상징이 된 엠블렘은 당시 비행기의 프로펠러를 형상화한 것이고 파란색과 흰색은 본사가 있는 바이에른 주의 상징이다. 1917년 바이에리쉐 모토렌 베르케(Bayerishe Motoren Werke)라는 설비회사를 인수하면서 약자인 BMW를 회사명으로 사용하기 시작했다.

(2) 대표축제 옥토버페스트

① 명칭과 기원

옥토버페스트

옥토버페스트는 뮌헨의 맥주축제이며, '10월의 축제'라는 뜻이다. 뮌헨을 대표라는 동시에 독일을 대표하는 축제로 유명한 독일맥주뿐 아니라 독일의 전통공연, 퍼레이드, 음악공연, 놀이기구까지 즐길 수 있는 축제이다. 1810년 10월 12일 첫 축제가 열렸고, 그 계기가 된 것은 바이에른의 세자 루트비히 1세와 테레제 공주의 결혼식을 축하하기 위해 열린 경마경기였다. 이후 경마가 열린 잔디공원은 공주의 이름을 따서 테레지엔비제(Theresienwiese)로 불리게 되었고, 이후 매년 민속의상을 입은 퍼레이드와 기사의 경마대회를 재현하고 있다.

② 역사와 발전

루트비히 1세는 고대그리스문화에 심취해 있었고, 첫 번째 옥토버페스트는 스포츠경기에 치우친 축제로 열렸다. 바이에른 왕실에서 축제에 대해 관심을 가지면서 옥토버페스트가 시작되었다. 19세기 말, 규모가 점점 커져 민속축제로 발전하였다. 1880년부터는 뮌헨시 당국이 맥주판매를 허용하기 시작했고 1881년 처음으로 구운 소시지(Bratwurst)를 파는 헨들브라터라이(Hendlbraterei)가 문을 열었다. 축제기간 사용되는 전등이 400여 개의 텐트를 밝히게 되었고, 맥주홀을 만들었다. 옥토버페스트는 1910년 100주년을 맞았으나, 축제가 처음 생긴 이래 옥토버페스트는 전란(제1, 제2차 대전)과 경제악화(인플레이션)로 열리지 못한 적이 있었고, 2020, 2021년 COVID-19 팬데믹으로 열리지 못하였다.

옥토버페스트는 전 세계에서 600만 명의 방문객이 함께하는 축제로 자리매김했다. 머리부터 발끝까지 민속의상을 차려 입은 독일인과 관광객이 어우러지는 축제장은 뮌헨의 유명맥주회사들이 운영하는 크고 작은 맥주 천막 30여 개가 늘어선다. 천막은 1만 명 이상을 수용할 수 있는 것에서부터 1백 명 정도가 들어가는 것까지 다양하다. 천막 안에 빼곡히 들어찬 사람들이 손마다 맥주잔을 들고 크게 웃고 떠들고 마시고 춤추는 분위기는 축제의 흥겨움을 말해주는 대표적인 풍경이다.

③ 핵심 내용

옥토버페스트는 뮌헨 서부 테레지엔비제에서 1872년부터 매년 9월 15일 이후 돌아오는 토요일에 시작하여 10월 첫째 일요일에 끝난다. 2000년부터 10월 1일 또는 2일이 일요일인 경우, 축제를 통일기념일인 10월 3일까지 연장하기로 함으로써 축제는 최단 16일에서 최장 18일간 열린다.

축제의 시작을 알리는 퍼레이드는 첫날인 토요일 오전, 축제주최자, 맥주회사 관계자, 상인, 공연자 등 1,000여 명이 뮌헨 거리를 행진하며 공식적으로 축제의 시작을 알린다. 뮌헨 시를 상징하는 뮌헨의 아이(Münchner Kindl)와 뮌헨시장을 태운 마차가 행렬을 이끌며 맥주 통을 실은 맥주회사의 마차, 공연자, 상인, 악단이 뒤따른다. 퍼레이드가 끝나고 정확히 정오가 되면 맥주천막 쇼텐하멜(Schottenhamel)에서 뮌헨의 아이가 지켜보는 가운데 뮌헨 시장이 첫 번째 맥주통을 개봉한다. '오차프트 이스(맥주통이 열렸다!)'라는 바이에른식 표현을 외침으로써 옥토버페스트가 시작된다. 전통적으로 바이에른주 정부의 수상이 첫 번째 맥주를 마시고 나서 다른 천막의 맥주통이 개봉되어 방문객에게 판매된다.

옥토버페스트 퍼레이드

맥주천막 쇼텐하멜

옥토버페스트의 첫 번째 일요일, 즉 축제 둘째 날 오전에 각종 민속의상을 입은 사람들 8,000~9,000명이 바이에른주 의회건물 막시밀리아네움(Maximilianeum)을 출발해 시내를 가로질러 축제가 열리는 테레지엔비제까지 7㎞를 행진한다. 이것은 1835년 옥토버페스트에서 바이에른의 왕 루트비히 1세와 테레제 왕비의 은혼식을 축하하며 열린 민속의상행렬에서 비롯되었고, 축제의 하이라이트가 됐다.

(3) 스포츠이벤트

뮌헨은 스포츠인프라가 잘 구축되어 있어 각종 스포츠 대회가 여러 번 개최되었다. 1972년 제20회 하계올림픽이 있고, 2006년 FIFA 독일월드컵 당시 주요 거점도시 역할을 하였다. 1972년 올림픽 당시 대대적으로 건립되었던 올림피아 파크(Germany Munich Olympic Park)는 하계스포츠 목적으로 설계되었지만, 빙상경기장을 신축하여 동계스포츠 인프라도 구축되어 있다. 이외에도 2006 FIFA 독일월드컵 때 만든 고무보트(Schlauchboot)와 외형이 흡사한 알리안츠 아레나 스타디움(Alianz Arena)이 있다.

① 제20회 뮌헨올림픽

뮌헨올림픽은 1972년 8월 26일부터 9월 11일까지 개최되었다. 팔레스타인해방기구(PLO)의 '검은 9월단'이 이스라엘선수단 숙소를 습격해 이스라엘 선수 2명을 살해하고 11명을 인질로 삼아 이스라엘에 억류중인 팔레스타인 게릴라 200명의 석방을 요구한 사건이 일어났기 때문에, 올림픽 사상 가장 불행했던 대회로 기록되고 있다. 대회가 24시간 동안 중단되고, 구출작전 도중 인질 전원이 사망하는 참사가 벌어졌다. 올림픽 속행여부를 놓고 논쟁이 있었으나, 위기를 극복하는 것도 올림픽의 정신이라는 주장이 강조되어 다시 속개되었다.

② 2006 FIFA 월드컵

2006년 FIFA 월드컵은 독일에서 열린 제18회 FIFA 월드컵이다. 개최기간은 2006년 6월 9일부터 7월 9일까지이며, 12개 도시에서 개최되었다. 이탈리아가 우승을, 프랑스가 준우승을 하였다. 주최국 독일은 3위를 기록하였다. 뮌헨은 알리안츠 아레나는 국제축구연맹(FIFA)이 경기장 명명권계약을 허용하지 않았기 때문에 월드컵 당시 FIFA 월드컵 스타디움 뮌헨(FIFA World Cup Stadium Munich)로 불렸다.

3) 의의

세계적으로 유럽국가 중 맥주가 없는 나라는 거의 없다. 맥주는 세계의 많은 도시에 있는 어떤 술보다도 익숙하고 편하다. 맥주를 마셔본 사람이거나 더욱더 즐기는 사람이라면 '다른 나라에 가서 그곳의 맥주를 마셔보고 싶다.'는 생각을 하는 것은 당연하다. 옥토버페스트는 이런 의미에서 가장 현실적인 테마이며, 가장 확실한 도시브랜딩의 산물이다. 전 세계인이 인정하는 '맥주의 본고장은 독일, 독일에서도 뮌헨' 이라는 공식은 도시주민에게는 자부심을 가져오기에 충분하고, 이곳의 방문객에게는 매력적인 도시의 상징으로 자리 잡았다.

뮌헨은 풍부한 문화적, 역사적 유산과 아름다운 자연의 매력으로 관광객들을 끌어들이고, 다양한 행사를 곳곳에서 개최하고 있다. 이 도시는 축제를 성공리에 개최하기 위한 도시 자체의 문화예술도시의 기반이 다져져 있다. 뮌헨은 도시가 갖고 있는 역사적 유산과 스포츠강국의 대표도시로서의 상징성을 갖고 있다. 독일에서 펼쳐진 중요한 스포츠이벤트의 중심에는 언제나 도시 뮌헨이 있었고, 뮌헨은 역할을 충분히 해내었다. 독일 뮌헨이 현대 도시로서 갖는 경험과 이미지 이외에도 보유하고 있는 특별한 도시이미지의 중심에는 맥주 전통을 사랑하는 독일인과 옥토버페스트가 있다. 뮌헨은 독일 제3의 도시에서 세계적인 관광도시로 거듭나고 있다.

03 리우데자네이루 _ 삼바카니발과 스포츠의 도시

1) 개요

리우데자네이루(Rio de Janeiro)는 브라질 동남 지방의 대서양 연안에 위치한 항구도시이자 리우데자네이루주의 주도이다. 보통 '리우(Rio)'라고 약칭하고, 리우카니발(Carnaval do Rio de Janeiro)은 전 세계의 관심을 받고 있다. 도시의 명칭은 1502년 1월 1일 포르투갈의 항해자가 처음 발견하면서 대대서양과 좁은 입구로 연결된 구아나바라만을 강으로 잘못 알고 포르투갈어로 '1월의 강(江)'이란 뜻의 리우데자네이루로 명명한 것에서 유래한다. 이곳은 18세기에 북서쪽의 미나스제라이스(Minas Gerais)에서 금과 다이아몬드가 발견되면서 금광지대의 무역항으로 발전하였다. 식민지시대인 1763년부터 수도가 되어 1808년 포르투갈 왕실이 이곳으로 옮겨왔고, 1822년 브라질왕국으로 독립한 뒤 공화국 성립을 거쳐 1960년 브라질리아로 이전하기 전 수도 역할을 하였다.

리우는 브라질에서 지역 총생산 규모가 두 번째로 큰 도시이며, 많은 대학과 연구 기관의 소재지로 브라질의 경제 및 R&D 분야에서 큰 비중을 차지한다. 또한 리우는 자연과 인공미가 잘 어우러져 나폴리와 시드니와 함께 세계 3대 미항의 하나로 꼽힌다. '리우데자네이루: 산과 바다 사이의 카리오카 경관(Rio de Janeiro: Carioca Landscapes between the Mountain and the Sea)'은 2012년 유네스코 세계유산에 등재되었다. 카리오카(Carioca)는 리우데자네이루의 주민을 일컫는 말이다. 세계유산은 도시의 활기찬 야외문화에 기여한 코파카바나 해안을 따라 광범위하게 펼쳐진 경관, 코파카바나(Copacabana) 해변과 함께 세계적 휴양지로 알려진 이파네마 해변(Ipanema), 1961년 지정된 티주카국립공원(Tijuca National Park), 1808년 설립된 리우데자네이루식물원, 신(新) 세계 7대 불가사의의 하나로 선정된 거대한 예수상이 세워진 코르코바두산, 구아나바라만 주변언덕을 포함한다.

2) 핵심 내용

(1) 도시의 상징

리우는 신 세계 7대 불가사의 하나 예수 크리스트상(Cristo Redentor)과 팡지아수카르 산(Pão de Açúcar)이 도시의 상징이다. 카니발행렬을 볼 수 있는 삼바드로메(Sambódromo)와 마라카나 경기장(Maracanã Stadium)이 도시의 주요 자산이다. 예수 크리스트상은 코르코바두 산에 있고, 리우의 랜드마크이다. 크리스트가 서서 팔을 펼친 형상을 하고, 건축 높이는 38m에 달한다. 손 한 끝에서 다른 한 끝까지의 폭은 28m, 기단내부는 150명을 수용할 수 있는 예배당이 있다. 이곳은 도시에서 최고의 전망을 자랑하며, 코파카바나 해안, 이파네마 해변, 팡지아수카르 산을 조망할 수 있다. 기념물은 브라질 독립 100주년을 기념하여 국경일 성모 마리아의 날(1931년 10월 12일)에 제막식이 거행되었다. 팡지아수카르 산은 리우의 구아나바라 만 어귀에 돌출되어 있는 반도에 있는 바위산으로 높이는 396m이다. 산 이름은 포르투갈어로 '설탕빵 산'을 뜻한다.

예수 크리스트상

팡지아수카르 산

(2) 대표축제 리우 카니발

① 명칭과 기원

삼바 퍼레이드

리우카니발은 독일의 옥토버페스트, 일본의 삿포로 눈축제와 함께 세계 3대 축제 중 하나로 손꼽히고, 축제기간은 금욕기간 사순절 직전 2월 말과 3월 초의 4~5일간 개최된다. 원래 카니발은 리우뿐 아니라 상파울루, 사우바도르, 헤시피를 중심으로 브라질 전역에서 열리는 축제인데, 리우에서 가장 성대하게 개최되기 때문에 '리우카니발'이라고 부르게 되었다. 카니발은 유럽이나 남북미, 가톨릭권의 도시에서 곧 다가올 사순절이라는 금욕기간에 앞서 영양을 보충하기 위해 마음껏 먹고 마시자는 취지에서 시작되었다.

리우카니발은 포르투갈에서 브라질로 건너온 사람들의 사순절 축제에 아프리카 노예의 전통타악기 연주와 춤이 합쳐져 생겨났다. 사탕수수 경작을 위해 아프리카에서 끌려온 노예가 힘든 노동을 끝내고, 고향에서 즐긴 노래와 춤을 추며 고통과 향수를 달랬던 것에서 시작되어 점차 발전해 20세기 초에 지금과 같은 형식의 카니발이 완성되었다. 1930년대 초반까지 일반적인 거리축제에 지나지 않았으나, 삼바학교가 설립되고 학교별 퍼레이드가 시작되면서 대규모축제로 발전하였다. 리우카니발은 COVID-19 팬데믹으로 인하여 2021년 행사는 취소되었고, 2022년은 기간을 늦추어 4월 하순 개최되었다.

② **핵심내용**

리우카니발은 삼바축제라고 알려져 있을 만큼 삼바가 차지하는 비중이 크다. 삼바스쿨은 카니발 축제를 준비하기 위해 설립된 학교이다. 1928년 리우데자네이루의 흑인 빈민가 에스타시오데사에 최초로 설립된 후 많은 학교들이 생겨 매년 카니발에서 퍼레이드를 준비하며 서로 경쟁한다. 삼바퍼레이드는 리우카니발의 핵심이다. 각 삼바스쿨에서 주제를 정해 1년간 퍼레이드를 위한 삼바를 연습한다. 삼바 퍼레이드는 삼바드로메에서 이루어진다. 퍼레이드는 하루에 끝나는 것이 아니라 축제기간 내내 일정시간을 정해 여러 삼바스쿨이 퍼레이드를 진행한다. 1980년대 중반까지 퍼레이드는 리우중심가의 대로에서 펼쳐졌다. 그러나 퍼레이드에 참가하는 스쿨수가 증가하고 규모가 확대되고 몰려드는 관람객을 위해 임시관람석을 설치하고 해체하는 비용이 상승함에 따라, 길거리 퍼레이드의 한계에 도달했다. 1984년 완성된 삼바드로메는 브라질리아를 설계한 오스까르 니에마이에르가 설계한 것으로 700m 길이의 행진로를 위쪽에서 내려다볼 수 있는 9만여 관람석을 갖추고 있다. 퍼레이드에 참가하는 삼바스쿨은 행진로를 대략 60~80분 동안 지나가며 준비한 프로그램을 펼친다. 삼바드로메는 구역별로 입장료가 다르고, 스페셜 삼바그룹의 퍼레이드가 펼쳐지는 축제 마지막 이틀의 입장권 패키지는 암표가 성행할 만큼 유명하다. 공연장은 카니발 기간이 아닌 경우 대규모콘서트를 비롯하여 전시공간이나 체육관으로 이용되고, 12월부터 카니발 직전까지 삼바스쿨의 리허설장소로 활용된다.

(3) 스포츠와 삼바축구

리우는 2014년 브라질월드컵 12개 개최도시의 하나로 결승전이 열린 도시이자 2016년 8월 5일부터 21일까지 제31회 리우데자네이루 하계올림픽이 개최된 스포츠도시이다. 축구는 삼바와 함께 이 도시를 미치게 할 수 있는 존재이다. 브라질에서 가장 뜨거운 열정의 도시, 리우에서 가장 뜨거운 장소는 코파카바나 해변이 아니라 세계에서 가장 큰 축구경기장 마라카나 스타디움이다. 경기장은 1950년 월드컵을 개최하기 위해 만들었고, 리우시민, 브라질국민, 전 세계 축구팬에게 역사의 현장으로 남아 있다. 지금과 같은 토너먼트방식이 아니라 결승리그전으로 우승을 가리는 방식에서 브라질과 우루과이의 최종전이 열렸고, 당시 스타디움은 유료입장객 17만 3천여 명(공식 82,000석 규모)이었으나 실제 20만 명 가까이 들어옴으로써 현대축구 역사상 가장 많은 관람객을 동원한 전설적인 경기로 기록되어 있다. 결과는 기대와 달리, 우루과이의 2-1 승리로 돌아가 전설적인 패배로 역사에 남아있다. 마라카나 스타디움은 2010년 리노베이션에 의해 21세기 스타디움으로 거듭나 2014년 월드컵의 생생한 현장이 되었다.

3) 의의

리우데자네이루는 경이로운 도시(Marvelous City)라는 별칭이 붙은 것처럼 건축과 조경, 도시계획 전문가에게 예술적 영감을 주는 도시로 유명하다. 브라질의 옛 수도답게 고풍스런 도심과 자연에 의해 형성된 아름다운 해안 그리고 세계 최대의 가톨릭국가임을 상징하며 우뚝 솟아있는 예수크리스트상은 랜드마크이다.

리우카니발은 리우데자네이루 주민의 축제로 출발했지만, 전 세계에서 수많은 관광객이 몰려드는 브라질 최대축제이자 세계 최고의 축제이다. 브라질이 이 축제를 통해 벌어들이는 관광수입은 몇 천 억에 달하며, 이런 까닭에 브라질정부는 리우카니발을 국가적 축제로 지정하여 적극적으로 지원하고 있다. 리우카니발은 밤낮을 가리지 않고 흥겨운 삼바음악과 춤이 어우러지는 열정 그리고 단순히 보고 즐기는 축제가 아닌 다함께 참여하여 음악의 리듬에 온몸을 맡기고 춤에 취해 아무런 형식의 거리낌 없이 자기 나름대로의 독특한 몸짓으로 춤을 추면서 즐긴다. 리우는 축제기간이 아닌 경우에도, 삼바의 멋과 카니발에 대한 관심에서 관광객과 애호가가 즐겨 찾는 관광도시로 자리매김하였다.

전 세계적의 많은 도시들이 대표축제를 구축하기 위해 노력하고 있고, 삼바카니발은 세계에서 가장 많은 전문가들이 벤치마킹하는 사례이다. 전 세계인이 인정하는 '카니발의 본고장은 리우데자네이루, 리우데자네이루는 삼바 카니발'이라는 공식은 리우시민만이 아닌 브라질 사람들을 넘어 전 세계 지구촌을 매료시키기에 충분하다. 리우데자네이루는 현대 세계도시에 있어서 도시 내 확실한 상징물을 갖고 있고, 대표축제를 통한 도시브랜딩에 성공한 축제도시임에 틀림없다.

CHAPTER 06

생태·환경과 자연 중심의 도시

01 쿠리치바 _ 도시재생을 통한 꿈의 생태도시

1) 개요

쿠리치바(Curitiba)는 다양한 수식어를 갖는 브라질 중남부 도시이다. 지역에 처음 포르투갈이 온 것은 1600년대 중엽이며, 1842년 도시로 지정되었고, 1853년 파라나주 주도가 되었다. 도시개척의 역사가 길지 않아 상파울루나 리우데자네이루와 같은 대도시는 아니지만, 주민소득 수준이 높고, 도시계획이 잘 돼 있어 브라질에서 최고 위상을 갖고 있다. 쿠리치바는 포르투갈이 지배하기 이전에 거주하던 투피(Tupi) 족의 언어로 '소나무가 많다'는 뜻이다. 오늘날 쿠리치바는 소나무 숲이 우거져 있고, '세계생태수도'라는 별칭은 환경도시 성격을 잘 나타낸다. 1990년 환경분야의 오스카상으로 알려진 유엔환경계획(United Nations Environment Programme, UNEP)의 우수환경상과 재생상을 받았고, 1991년 미국 타임지는 '지구에서 환경적으로 가장 올바르게 사는 도시'로 선정하였다. 1995년 로마클럽(Roma Club)이 선정한 세계 12개 모범도시 중 하나로 뽑혀 '희망의 도시'로 불리지 시작하여 혁신적인 도시, 꿈의 도시 등으로 불리며 '세계에서 가장 현명한 도시'의 찬사를 받았다.

2) 핵심내용

쿠리치바는 1970년대 초부터 지속적인 도시계획정책을 추진한 결과, 아름답고 살기 좋은, 쾌적하고 인간답게 살 수 있는 도시가 되었다. 쿠리치바의 생태환경도시로서의 성공은 건축가이자 시의 책임자였던 자이메 레르네르(Jaime Lerner)의 안목과 정책, 특히 가난한 사람을 위한 사회적 보조정책 개발이 어우러져 시와 주민의 공감대가 이루어냈다.

(1) 버려진 공간의 도시재생과 도시 상징

쿠리치바는 석산개발이 끝난 부지와 버려진 채탄장을 대상으로 친환경적인 복원사업을 벌려 오페라 하우스(Ópera de Arame), 땅구아공원(Parque Tangua)과 짱귀공원(Parque Tingüi)을 조성하였고, 쓰레기투기장을 식물원(Jardim Botanico)으로 개조하였다.

와이어 오페라하우스는 폐광으로 버려진 땅을 시당국이 저가에 구입해 자연 상태로 복원하고 저렴한 비용을 들여 명소로 바꾸었다. 230t의 철강을 이용해 80명의 기술자가 60일 만에 완공하였고, 벽체는 투명한 유리 돔으로 만들었다. 물이 흐르는 폐광일대를 작은 호수로 개발한 다음 철골구조의 다리로 극장과 연결시켜 운치를 살렸다. 관객은 밑이 보이는 작은 호수 위의 철골조 다리를 건너 극장으로

와이어 오페라하우스

들어간 후 유리벽을 통해 주변나무와 접하게 되어 마치 '숲속의 무대'에 앉아 있는 듯 느낌이다.

땅구아공원은 원래 채석장으로 채석이 끝나 흉물스럽게 변한 것을 1996년 시에서 녹지대를 만들고 공원화 하였고, 짱귀공원은 1994년 바리귀(Bariqüi) 강변에 조성되어 목조교량과 자전거도로가 잘 갖추어져 있는 곳으로 포르투갈 식민지 때 정착한 우크라이나인을 기념하기 위한 초기건물이 보존되어 있다. 식물원은 1991년 쓰레기매립장을 활용하여 19세기 런던에 있던 수정궁에서 영감을 받아 유리와 파이프로 만들었다. 포르투갈 식민지 때의 탄약창고를 빠이올연극관으로, 약 100년의 역사를 가진 근대건축물을 방송국으로, 폐전차와 차령이 지난 버스는 어린이탁아소와 이동식교실로 활용되었다.

지혜의 등대는 문화적으로 소외된 주민에게 큰 도움을 주는 지역도서관이다. 5000권 이상의 책이 비치돼 있어 독서를 하거나 책을 대출할 수 있다. 대개 초등학교 옆에 있어 두 개의 출입문 중 한 개는 초등학교와 연결돼 있고 다른 하나는 길거리를 향해 있어

짱귀공원 우크라이나 기념관

쿠리찌바 식물원

지혜의 등대

학생과 주민이 손쉽게 출입할 수 있다. 밤이 되면 주변을 밝혀주고 밤 9시부터는 경찰관이 근무하여 치안의 등대 역할을 한다.

오스까르 니에마이에르 미술관

도시전체가 재활용을 모토로 만들어졌고, 친환경적 건축으로 채워졌다. 예외적인 건물로서 오스까르 니에마이에르 미술관(Oscar Niemeyer Museum)은 브라질이 낳은 세계적인 건축가 오오스까르 니에마이에르가 설계한 건축이다. 그를 기념하기 위해 이름을 변경했고, 내부는 그가 설계한 유명 건축물 모형이 전시되어 있다. 그의 건축은 곡선과 직선의 조화가 매우 아름다운 것이 특징이다.

(2) 친환경적인 도시조성

① 호수와 공원 조성

쿠리치바는 호수가 있는 공원이 많고, 이런 공원이 주거지 곳곳에 자리 잡아 일상생활의 활력소가 되고 있다. 공원은 이과수강과 지류들이 만들어낸 하천으로 인해 홍수가 빈발한 곳을 자연 상태를 최대한 살리는 방향으로 개발, 조성되었다. 시민은 공원을 절대적인 여가공간으로 활용하고 공원과 주거지를 연결하는 교통시스템이 잘 구축돼 있다. 공원은 자전거도로가 완비돼 있고, 치안 면에서 공원경찰이 잘 조직돼 있다. 도시는 '친환경도시' 명성에 맞게 공기가 맑고 소음이 적어 조용하다. 가장 추운 달의 평균기온이 13°C 정도로 온난하여 난방연료 사용이 적고, 자동차의존도를 낮추어 오염물질 배출을 줄였다.

② '땅 위의 지하철' 굴절버스시스템

쿠리치바가 세계적으로 명성을 얻게 된 것은 대중교통시스템의 효율성과 경제성에 있다. 지하철이 없으나, 빨간색의 대형굴절버스가 노선별로 쉴 새 없이 승객을 실어 나른다. 이른바 이중굴절버스, '땅 위의 지하철'이라고 할 수 있다. 3칸의 차량을 이어서 만든 굴절버스는 시속 30㎞ 속도로 달리며, 정원이 270명이다. 어떤 노선이든 아무리 길어도 5분 이상 기다리지 않을 정도로 배차간격이 짧다. 굴절버스가 주요 간선도로를 커버하고, 이 버스가 닿지 않는 곳은 다른 색깔의 시내버스로 갈아타면 갈 수 있다.

뚜보(Tube)는 도심을 포함한 주요 지역에 설치되어 있는 이색적인 정류장이다. 뚜보는 지름 3m, 길이 10m 가량의 원통형이며, 굴절버스를 타기위하여 내부로 들어가고, 이때 버스요금을 낸다. 굴절버스가 뚜보에 도착하면 5개의 문이 열리면서 발판이 튀어나와 뚜보에 대기하던 승객은 편리하게 버스를 탈 수 있다. 버스출입문이 5개나 돼 승하차 시간이 짧다. 첫째, 미리 요금을 내고 기다리다가 버스에 오르므로 승하차에 소요되는 시간이 단축된 점, 둘째, 비가 내려도 비를 맞지 않는 승객보호기능이 있는 점, 셋째, 야간에도 안전하게 버스를 탈 수 있는 점을 들 수 있다. 굴절버스가 닿지 않는 곳이나 시 외곽을 가고자 하는 승객은 교통요충지의 터미널에서 다른 일반버스로 갈아탈 수 있다.

시스템은 평균 승차거리가 짧은 도심지역의 부유층 주민에게는 불리하지만, 시 외곽에 거주하면서 도심으로 출퇴근하는 서민층을 배려한 것이라고 할 수 있다. 버스요금 징수제도 역시 특이한데, 우리나라와 같이 버스회사별로 수입을 가져가는 것이 아니라 대중교통운영공사(URBS)에서 일괄적으로 요금을 징수하여 승객수가 아닌 주행실적에 따라 배분하므로 난폭운전의 부작용이 거의 없다.

쿠리치바의 도로망은 굴절버스가 대중교통의 절대적인 수단인 점을 감안하여 버스중심으로 되어 있다. 간선도로의 경우 편도 4차로로 구성되었고, 1차로는 버스전용, 2차로는 버스정류장으로 활용된다. 나머지 3, 4차로는 승용차와 일반차량이 사용한다. 도심지역도로는 거의가 일방통행이고 차량의 흐름이 원활한 편이다. 도심지역의 경우 도로 곳곳에 승용차 주차가능 표지가 세워져 있고 1시간의 유료주차가 허용된다. 그러나 차량 통행량이 많지 않은 곳의 도로는 시간제한 없이 주차가 허용된다.

이중굴절버스시스템과 뚜보

③ 교통량을 줄이기 위한 도시정책

쿠리치바의 도시계획은 특이하다. 주요 간선도로변을 따라 고층아파트를 짓도록 한 주택정책이 대표적이고, 교통이 편리한 간선도로변은 15층 이상의 아파트를 지을 수 있고, 외곽으로 벗어날수록 저층의 건물을 짓도록 하고 있다. 교통 혼잡을 줄이기 위해 교통수요를 구조적으로 줄이겠다는 목적이며, 서울의 도심이 밤이면 텅 비고, 주변신도시로 퇴근하는 교통체증이 빚어지는 현상과 정반대이다. 건설회사가 도심지역에서 더 높이 지을 수 있도록 허용하고 있지만, 이로 인한 수익금일부를 시 주택공사에서 거둬 저소득층을 위한 주택건설에 활용한다.

쿠리치바는 시 중심지역에 많은 사람이 거주할 수 있도록 함과 함께, 외곽지역 주민은 가급적 도심으로 진입하지 않고 일상생활을 영위할 수 있는 행정체제를 갖추었다. 굴절버스와 일반버스를 환승할 수 있는 버스터미널 옆에 교육, 주택, 수도, 전기 등 각종 업무를 담당하는 '작은 시청'을 설치하였다.

④ 환경을 위한 도시정책

쿠리치바의 1인당 녹지면적은 약 52㎡이며 UN과 WHO의 권고 값의 4배가 넘는다. 이것은 선진국 도시에서도 찾아보기 힘들며, 27개의 공원과 나무가 잘 가꿔진 광장과 도로변 등 어디든지 숲이 가까이 있다. 시 당국은 중심지의 바깥에 있는 모든 건물은 간선도로로부터 5m씩 후퇴해 나무를 심도록 했고 대지면적의 50%만 집을 짓고, 나머지공간은 토양의 흡수력을 유지하기 위해 자연 상태로 남겨 놓는 등 녹지 확보에 노력하였다. 기존의 모든 나무는 등록을 의무화하고 허가 없이 나무를 베어버릴 경우 위치와 나무종류에 따라 벌금을 부과하는 엄격히 관리를 하는 동시에, 토지이용법령에 의해 식생이 양호한 지역은 세금감면혜택을 부여하는 양면적인 정책을 활용하고 있다. 꾸리치바의 도시재생의 성공은 자연의 혜택이라기보다 교통문제개선과 같이 시와 시민이 함께 공감한 정책에 힘입은 바가 크다.

3) 의의

쿠리치바는 도시의 단편적인 외형을 볼 때, 첨단빌딩과 거리가 먼 낡고 우중충한 도심의 건물, 특징 없는 거리풍경, 아름답고 매력적인 '꿈의 도시'의 면모는 찾아보기 힘든 '보통도시' 일 수 있다. 그러나 쿠리치바는 도시재생, 지속가능한 도시개발의 패러다임에서 볼 때, 친환경적 도시설계를 통해 '꿈의 도시' 라는 찬사를 받고 있는 미래지향도시이다.

쿠리치바는 선진국의 대표도시에서 찾아 볼 수 있는 전통유산, 화려한 문화예술 그리고 환상적인 상징이나 창조물은 빈약하다. 자연환경이 뛰어나고 역사유적이 많아야 세계적인 도시가 될 수 있다는 상식도 이곳에서는 통하지 않는다. 쿠리치바가 어떻게 세계도시의 모델이 되었는지를 파악하는 것이 바로 이곳의 숨은 매력이다. 시의 담당자의 과감한 정책과 시민의 믿음, 그리고 지속적인 제도적 보완은 쿠리치바를 생태도시의 표본으로 만들었고, '꿈의 도시', '대중교통의 천국', '생태환경 도시의 모델'과 같은 수식어를 탄생시켰다. 폐허가 되었거나 사용하지 않은 상태로 방치된 공간의 재활용, 낯설지만 편리한 굴절버스와 환승 시스템, 이용자를 우선 생각하는 대중교통체계 같이 훌륭한 정책이 실천되기만 한다면 얼마든지 '꿈의 도시'를 만들 수 있다는 가능성을 보여주었다. 진면목은 외형적인 눈부심보다 시민생활을 편하게 하고 사회적 약자를 위한 갖가지 도시행정에서 엿볼 수 있다.

쿠리치바는 편리한 대중교통시스템과 친환경적인 도시설계로 '꿈의 도시'라는 찬사를 받고 있을 뿐 아니라 도시재생과 브랜딩을 통해 '지구에서 환경적으로 가장 올바르게 사는 도시', '세계에서 가장 현명한 도시' 라는 도시이미지도 함께 얻고 있다.

02 프라이부르크 _ 태양의 도시

1) 개요

프라이부르크(Freiburg)는 독일 바덴뷔르템베르크 주 서남부에 위치한 환경도시이다. 지리적으로 프랑스와 스위스 국경, 라인 강과도 가까우며, 슈바르츠발트로 불리는 삼림지대의 서쪽 기슭 지역에 있다. 독일에는 프라이부르크가 여러 곳 있으므로, 혼돈을 피하기 위해서 프라이부르크 임 브라이스가우(Freiburg im Breisgau)가 정확한 표현이다. 1120년 시작되어 교역의 중심지로 번영하였으나, 합스부르크, 바이에른, 오스트리아, 프랑스 등 여러 왕조의 지배를 받았고, 1827년 가톨릭의 프라이부르크 대교구가 형성되어 가톨릭중심지로 발전했다.

프라이부르크는 1944년 연합군의 공습으로 도시 전체가 파괴되었고, 대성당을 제외하고 주변 모든 것이 무너졌다. 독일은 당시 연합군의 공습을 피해 문화재 가운데 손으로 옮길 수 있는 것을 가능한 옮겼고, 대성당의 경우 교회창문까지 다른 지역에 옮겨 두었다고 전해진다. 전후 문화재를 다시 복구하는 과정에서 피신시켜두었던 물건들을 제자리에 찾아 맞춤으로써 중요한 문화자산을 보전하였다.

프라이부르크는 1970년대 원자력 발전의 희생양이 될 운명에 놓여있었다. 당시 독일정부는 프라이부르크 인근에 원자력발전소 건립을 계획했다. 당시 주민들이 포도주와 목재산업 몰락을 우려하여 반대시위를 벌였고, 원전건설이 중단됐다. 반대운동을 주도한 시민단체를 중심으로 풍부한 일조량을 이용한 친환경에너지 개발에 관심을 기울였다. 프라이부르크는 베를린이나 프랑크푸르트 같은 대도시는 아니지만, 지속가능한 도시개발에 가장 부합하는 환경도시로서 '태양의 도시' 라고 불려지고, 지속가능한 친환경적 도시개발의 사각에서 세계 최고 위상을 갖고 있다.

2) 핵심내용

(1) 도시의 상징

프라이부르크는 독일의 중세도시답게 오랜 전부터 가톨릭 도시경관을 형성하였다. 도시의 상징이라고 할 수 있는 프라이부르크 대성당과 뮌스터광장, 16세기에 만들어진 르네상스 양식의 프라이부르크 시청사(Altes Rathaus Freiburg), 1457년 알브레히트 6세(Albrecht VI)에 의하여 설립된 프라이부르크 대학(Albert-Ludwigs-Universitat Freiburg)과 다수의 박물관이 자리 잡고 있다.

베히레(Bächle)는 프라이부르크 시내 중심을 흐르는 작은 수로이다.

베히레는 독일 전역에 설치돼 있었으나, 현재는 프라이부르크에만 남아 있는 명물이다. 프라이부르크의 베히레는 13세기에 슈바르츠발트(흑림)을 수원으로 하는 드라이잠 강의 물을 이용하여 조성한 것으로서 도심 구석구석을 흐르며 홍수방지와 물 순환 기능을 담당한다. 베히레는 현재 자연스럽게 온도와 습도를 조절하고 홍수를 조절하는 기능을 하며, 작은 것 뿐 아니라 폭이 2m가 넘는 것도 곳곳에서 찾아볼 수 있다.

베히레

(2) 생태와 태양의 도시로서의 상징

헬리오트롭

프라이부르크는 과거부터 와인과 목재 거래의 중심지로 알려져 있고, 특히 헬리오트롭(Heliotrop)과 보방생태마을(Vauban), 슐리어베르크(schlierberg) 태양광단지는 프라이부르크를 '태양의 도시' 로 부각시켜 전세계에서 생태도시를 찾는 움직임이 활발하다.

헬리오트롭은 프라이부르크 파우반(Vauban) 지역에 있는 원통형모양의 건축이다. 1994년 건축설계사 롤프 디슈(Rolf Disch)가 지구환경과 향후 미래주택이 가야할 방향을 플러스에너지하우스(에너지를 만들어 사용하는 주택) 이론을 만들어 실현한 프로젝트로 알려져 있다. 헬리오트롭은 그가 상표 등록한 이름이고, 그가 만든 플러스에너지하우스도 이름으로 등록되어 있다. 54㎡의 크기의 전지판에서 매년 8,500kWh의 전기를 생산한다. 태양을 따라 회전하여 여름에 태양을 등지고, 겨울에 태양을 바라보는 방식으로 난방과 냉방의 에너지를 최소화하였다.

보방 생태마을

보방생태마을은 프라이부르크 교외의 프랑스와 스위스접경에 위치한 교육도시이다. 숲과 자연을 보존하면서 친환경에너지마을로 건설되었고, 도시개발의 모든 결정에 지역주민이 직접 참여하여 논의를 거쳐 진행함으로서 주민의 자발적인 참여를 유도하였다. 마을 중앙을 지나는 전차길 부분에 상점, 병원, 유치원 등 편의시설을 집중하여 주민편의를 도모하였고, 프라이부르크 시내로 이어지는 간선도로를 제외하고 자동차통행이 금지돼 있다. 자전거를 주로 이용하고 교외로 놀러 가거나 할 때는 마을에서 빌려주는 차를 이용한다. 모든 주택이 태양열 집열판을 설치하고, 빗물을 받아 재활용하고 있다.

숄리어베르크 태양광단지

숄리어베르크 태양광단지는 건축가 롤프 디쉬를 중심으로 추진한 잉여에너지 주택단지이다. 보방이 시민과 지자체의 협력으로 조성된 생태형마을이라면, 이곳은 민간주도로 들어선 에너지 자립마을이다. 단지에는 그가 설계한 첨단태양열주택 헬리오트롭의 건축기술을 적용한 여러 주택이 들어서 있다. 태양광 전지판과 조화를 이룬 형형색색의 외벽은 미적 감각도 흥미롭고, 단지주민은 남는 에너지를 전력회사에 팔기도 한다. 주택은 설계에서 시공까지 에너지절약의 기술을 적용했고, 전체 주택을 배치할 때 조도가 15°로 낮아질 때도 거실에 햇볕이 들도록 했고, 3중 유리창의 가운데에 아르곤가스를 넣어 단열효과를 높였다. 환기설비는 열회수장치를 장착해 체온으로 데워진 열이 밖으로 빠져나가지 않도록 고안했다.

(3) 친환경적 도시이미지브랜딩

프라이부르크는 친환경적 도시개발은 1970년대 원자력발전소 건설을 반대로 에너지절감과 대량소비 억제에 대한 시민의 자각에서 시작되었다. 시정부가 태양에너지촉진프로그램과 교통망플랜을 성공적으로 추진하고 1992년 독일 지자체 중 환경부문 1위를 차지하여 특색 있는 환경수도로 선정되었다.

노면전차 트램

첫째, 자연을 훼손하지 않는 도시를 지향한다. 프라이부르크는 43%가 녹지인 숲의 도시로 인간과 자연공존을 위한 노력으로 대표적인 산 샤우인스란드(Schauin Land) 정상과 오핑거 호수(Opfinger See)의 입장통제를 위한 보호구역을 지정, 입장허가제 지침을 시행하는 등 자연보호에 노력하고 있다.

둘째, 녹색교통의 도시를 지향한다. 프라이부르크는 대중교통과 자전거의 도시이다. 중심부에 자가용출입이 통제되어 대부분 대중교통(트램)과 자전거를 이용하는 친환경교통시스템을 구축하고, 에너지절약과 대기오염의 저감을 위한 정책을 시행하였다. 베르톨츠브룬넨 역은 전차를 타고 도심으로 들어갈 때 하차역이며, 사각형 모양으로 된 프라이부르크를 다시 4개의 사각형으로 나누었을 때 중심점이다. 이 역은 도심 전차노선이 지나가고, 사거리를 네 노선의 전차들이 지나가며 전차들이 다니지 않는 동안은 사람들이 그 전찻길 위로 걸어 다닐 수 있다. 사람과 전차가 도로를 공유하고, 전차는 선로가 놓인 곳에 시속 30㎞ 안팎의 속도로 달리기 때문에, 전차에서 사람의 움직임을 쉽게 예측할 수 있다. 또한 시는 자전거이용계획을 통하여 약 500km에 달하는 자전거도로망을 구축하고, 전체인구의 1/3이 자전거를 이용하여 이동할 수 있도록 하였고, 주택가를 지나는 자가용의 주행속도를 시속 30km 이하로 제한하여 주민불편을 최소화하였다. 5,000여 대 이상의 자전거 주차공간이 확보되어 있고, 중앙역 부근에 설치된 모빌레(Mobile)는 3층 시설에 1,000대의 주차공간, 수리장소, 판매소 등이 위치한다.

셋째, 에너지 자립을 위한 태양의 도시를 지향한다. 에너지자립도시를 위하여 에너지절감, 신재생에너지정책을 추진하고 있고, 태양에너지 이용을 위하여 많은 태양광발전시설을 설치하여 운영하고 있다. 저탄소에너지, 저탄소주택, 생태도시와 수자원순환을 목표로 하였다.

(4) 문화예술과의 융합

프라이부르크는 오스트리아 빈이나 잘츠부르크만큼은 못하지만 '음악도시' 이다. 프라이부르크 바로크 오케스트라는 독일뿐 아니라 전 세계적으로 우수하다는 평을 받고 있다. 여름 '천막음악축제(Zeltmusikfestival)' 는 전국적인 축제이며, 재즈에서 록, 팝, 클래식에 이르기까지 다양한 음악을 즐길 수 있다. 아우구스티너 박물관(Augustinermuseum)은 라인강 상류 지역의 중요한 예술적 보물을 관람할 수 있고, 이외에도 예술과 도시사학, 고고학적으로 특별한 유물을 전시한 여러 박물관이 있다. 품격 있는 연극과 오페라, 무용을 무대에 선보이는 프라이부르크극장이 잘 알려져 있고, 특이할 정도로 다양한 영화관이 소재하는 예술지향적인 도시이기도 하다.

3) 의의

일반적으로 '사람과 자연환경이 조화를 이루며 공생할 수 있는 체계를 갖춘 도시'를 생태도시라고 할 때, 프라이부르크는 이런 도시를 대표한다. 프라이부르크는 독일을 대표하는 친환경 에코에너지 도시로서 지방정부의 모든 정책이 환경을 중심으로 이루어지고 있다. 이곳은 자연을 도시의 일부로 구성한다는 시각에 초점을 두고 대중교통과 자전거의 도시의 상징으로 자리 매김 되었다. 그 중심에 있는 환경계획지구 보봉마을은 기존 환경을 살리면서 주민스스로가 환경을 생각하고 앞장서서 실천한 마을로 친환경 전원마을이라고 할 수 있고, 민간 주도로 슐리어베르크 태양광단지가 만들어졌다.

프라이부르크의 자연보호 노력은 녹지보존에서도 확인할 수 있다. 프라이부르크는 전체의 43%를 차지하는 녹지의 중요성을 인식하고, 이를 효과적으로 관리하였다. 도시가 '숲의 도시'의 의미를 지닐 수 있도록 인간과 자연 공존을 위한 노력을 강조하고 있고, 지역의 대표적인 산과 호수의 입장통제를 위한 보호구역을 별도 지정하여 무분별한 입장이 아니라 입장허가제 제도를 시행함으로써 자연보호에 관심을 기울이고 있다. 도심은 자동차가 거의 눈에 띄지 않는다. 자동차 통행을 막은 것이 아니라 자동차가 도심에 들어오면 불편하여 진입하지 않을 뿐이다. 친환경 교통정책으로 도심은 자동차의 출입이 어려운 구조로 전차와 자전거이용이 용이하도록 도시를 구성하였고, 자전거 주차 공간 확보와 30%에 이르는 자전거이용률은 도시환경을 지키기 위한 정책적인 뒷받침과 주민의 자발적 참여에 의해 가능하였다.

프라이부르크는 친환경 도시조성을 위해, 자연을 훼손하지 않는 도시, 녹색교통의 도시, 에너지 자립을 위한 태양의 도시를 구축하였고, 이를 통해 지속가능한 도시이미지브랜딩을 실현하였다. 프라이부르크는 도시성장과 개발전략을 '태양의 도시'를 구현하는 것을 목표로 하며, 공해발생과 자연훼손을 줄여 인간이 자연과 조화롭게 살아가기 위해 조성된 생태도시로서 자리매김하였다.

03 하와이 _ 자연을 활용한 세계 최고의 커피생산도시

1) 개요

하와이 섬(Island of Hawaii)은 하와이제도를 구성하는 8개의 큰 섬(니이하우(Niihau), 카우아이(Kauai), 오아후(Oahu), 몰로카이(Molokai), 라나이(Lanai), 카훌라웨(Kahoolawe), 마우이(Maui), 하와이(Hawaii)) 중 하나이며, 하와이제도의 가장 큰 섬(Big Island)이다. 명칭은 섬들을 발견했다고 알려져 있는 폴리네시아의 전설적 항해가 하와일로아(Hawaiiloa)로 부터 유래되었고, 하와이주와 혼동을 일으킬 수 있기 때문에 빅 아일랜드(Big Island)라고 한다. 하와이 섬은 중앙에 남북으로 마우나케아 산(Mauna Kea, 4,208m)과 마우나로아산(4,170m)이 솟아 있고, 고산지역을 제외하면 열대기후에 속하고 동북과 서남부에 특색 있는 기후가 나타난다. 섬 동북부는 동북쪽에서 불어오는 무역풍의 바람받이에 해당되어 강수량이 매우 많아 힐로의 연평균 강수량은 3,000㎜ 이상으로 미국의 다우지를 대표하지만, 서남부는 바람 그늘에 해당되어 상대적으로 건조하고, 연평균강수량이 500㎜도 채 되지 않아 건조기후에 가깝다. 기온은 동계(11~4월)에 기온이 약간 내려가지만 평균기온 20℃로 따뜻한 편이며, 하계(5~10월)는 무덥지만 미국내륙에 비해 기온이 오히려 낮은 편이다. 하와이 섬(면적 10,430㎢)은 동부 힐로(Hilo)와 서부 코나(Kona)가 2대 거점으로 공항이 위치하여 있다. 하마쿠아코스트, 힐로, 카우, 코나, 코할라코스트, 노스코할라 및 푸나 등 7개 지역으로 구분되고 있다. 코나는 코나 커피 브랜드의 메카로 알려져 있다.

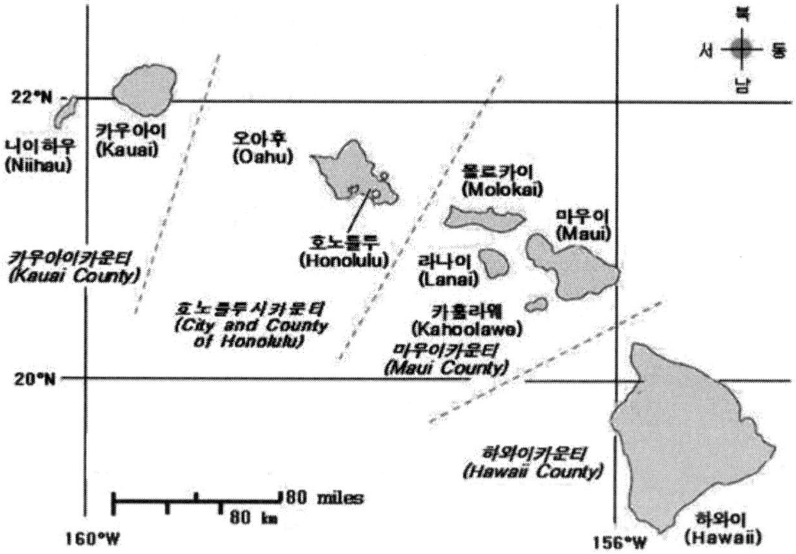

하와이제도와 하와이 섬

2) 핵심 내용

(1) 도시의 상징

코나는 강수량이 많은 동부 힐로와 다른 상대적으로 건조한 기후로 빅 아일랜드의 서부 용암해안을 따라 코나공항에서 케알라케쿠아 베이(Kealakekua Bay) 까지 약 96㎞에 이르는 광활한 지역에 60개가 넘는 커피농장과 명소, 자연경관이 산재해 있다. 하와이의 최고봉 마우나케아를 가깝게 볼 수 있고, 주변에 풍요로운 하와이 문화를 보여주는 휴양지 카일루아 코나(Kailua Kona), 카일루아 코나의 중심가 알리이 드라이브에 있는 옛 하와이 왕족의 여름별장 훌리헤에 궁전(Hulihee Palace), 제임스 쿡 선장이 하와이 섬에 도착한 장소가 표시되어 있는 중요 사적지이자 1년 뒤 하와이 원주민과의 사소한 분쟁에 휘말려 살해된 장소 케알라케쿠아 베이(Kealakekua Bay)가 잘 알려져 있다. 홀루알로아(Holualoa)는 후알랄라이 휴화산의 고지대 농장 지역에 있는 코나의 예술 중심지이자 커피농장에서 커피수확과정을 확인할 수 있고, 100% 원조 코나커피의 맛을 음미할 수 있는 곳이다.

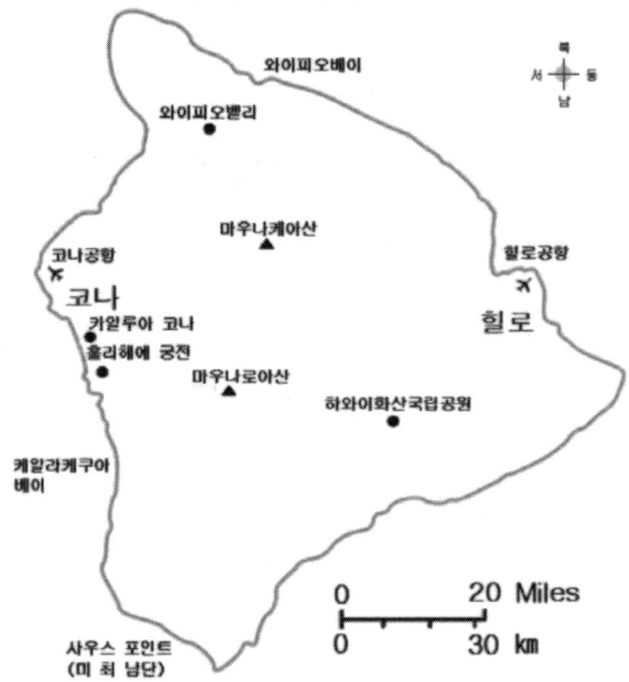

하와이 빅 아일랜드 코나

(2) 코나커피

커피는 8~9세기경 에티오피아 카파(Kaffa)에서 재배가 시작되었다. 11~12세기에 중동에 전래되었고, 17세기 유럽을 거쳐 신대륙발견 후 아메리카와 아시아로 전파됐다. 하와이에 커피를 최초 소개한 인물은 1820년경 하와이국왕 카메하메하 2세(Kamehameha II)의 통역관이자 주치의였던 스페인의 돈 프란시스코 드 파울레이 마린(Don Francisco de Paula Marin)이며, 그는 오아후 섬의 호놀룰루에 정박 중이던 선박으로부터 커피나무를 얻어 개인농장을 만들었다. 또한 오아후 통치자 보키(Chief Boki)가 마노아(Manoa) 계곡에 있던 사유지(현 하와이대학)에 커피나무를 심어 재배에 성공했고, 영국을 거쳐 리우데자네이루에서 커피나무 30그루를 들여온 것이 하와이커피의 역사로 알려져 있다.

① 코나커피의 기원

코나커피의 기원은 1825년 영국 농업학자이자 설탕재배업자 존 윌킨스(John Wilkinson)가 리우데자네이루에서 오아후까지 커피종자를 들여온 것이다. 이 커피종자는 3년 후 1828년 미국 선교사 사무엘 러글(Samuel Ruggles)에 의해 코나에 심어졌고, 비옥한 화산토양, 커피가 재배되기 좋은 기후조건, 손으로 일궈낸 노력이 조화를 이루어 맛좋은 향기로 거듭나 코나 고유의 커피가 형성됐다. 최초 상업적인 규모로 커피재배를 것은 하올리(haole)라는 코카서스 계 이민자로 알려져 있고, 1860년부터 가족단위 농장 중심의 커피 플랜테이션(Plantation)이 체계화되었다. 당시 커피가 번성한 곳은 카우아이였으나, 노동력부족, 기상이변, 커피플랜테이션 쇠퇴로 인해 하와이 섬의 코나가 중심에 서게 되었다.

② 커피의 재배환경

커피는 커피나무에 열리는 커피열매의 씨 부분, 원두(Coffee Bean)를 의미한다. 원두는 생두(Green Bean)와 볶은 원두(Roasted Bean)로 구분하고, 아라비카(Arabica)와 로부스타(Robusta-canephora) 그리고 리베리카(Liberica) 품종으로 나뉜다. 코나커피는 1892년 과테말라에서 아라비카 티피카종(Typica)이 하와이 코나에 입식된 후 1920년부터 재배가 섬의 전 지역에 확산되었고, 현재 하와이의 커피 대부분이 티피카 종이다.

커피는 까다로운 생육조건을 갖고 있다. 영향을 주는 요인은 위도, 해발고도, 토양, 기후 등 자연과 역사와 경제성을 중심으로 하는 인문조건이 있다. 커피나무는 적도를 중심으로 25°S~25°N의 커피벨트(Coffee Belt)에 해당되는 열대와 아열대 제한지역에서 재배된다. 해발고도가 높은 지역일수록 좋은 품질의 커피원두가 생산되고 아라비카 품종의 커피는 해발고도 600m 이하에서 재배된다. 토양은 충분한 필수 무기질 함유와 배수가 좋아야 하고, 특히 유기질이 약산성(pH 5-6)에 해당하는 응회암이나 화산재, 현무암과 같은 토양배수조건이 필요하다. 커피재배에 적합한 기온은 일반적으로 15-25℃ 정도이며, 강수량은 가뭄에 비교적 강한 아라비카 품종의 경우 연간 1,400~2,000㎜가 요구된다.

커피재배는 하루 2~3시간의 강한 햇볕, 햇볕을 가리는 큰 나무(Shade Tree), 서늘한 바람, 적당한 구름, 계절변화가 적은 온화한 기후가 필요하다. 코나는 안개와 비로 인해 자연스럽게 조성되는 온실효과를 갖고 있고, 토양조건도 화산활동으로 인해 물이 고이지 않는 화산성 토양의 충적토로 촉촉하고 화산재가 덮여있어 배수가 잘되는 고지대이다. 코나는 재배에 탁월한 환경을 갖고 있고, 화산재 토양의 배수조건과 영양분, 하와이 특유의 태양과 강수량이 이상적으로 결합되어 깊고 풍부한 맛을 갖고 있다.

③ 코나커피와 농장체험

코나커피는 빅아일랜드 서쪽 코나해안을 원산지로 하고, 커피나무 품종 자체는 에티오피아 산 아라비카 나무로 전 세계적으로 생산되는 커피의 70%를 차지하는 품종이다. 코나커피는 빅 아일랜드 북부 해발 4,000m 이상의 고산지대 마우나케아 산과 남부 마우나로아 산의 서쪽

경사면의 코나지역을 따라 광범위하게 재배된다. 코나커피는 표고 600m 전후로 지대는 높지 않지만, 해양성기후 영향으로 중미의 1,200m 정도 고지대와 유사한 조건을 갖추었다. 수확은 대체로 10월부터 다음 해 2월까지 지속되고, 소농가에서 수확한 커피체리는 대농원에서 체리 형태로 구입하여 탈각과 정제, 건조, 로스팅되며, 자체농원이 재배한 커피를 포함해 재배커피 원두 완제품으로 만들어진다.

코나커피 생산지 코나해안(Kona Coast)은 60여 개 농장이 있고, 각각 농장에서 순수한 코나커피 생산을 위해 노력하고 있다. 그린웰(Greenwell)은 팜투어(Farm Tour) 프로그램으로 아라비카 품종 티피카와 낮은 고도에서 잘 성장하며 병충해에 강한 리베리카 묘목을 접목하는 과정의 재현, 생두의 세척과정, 커피 빈의 로스팅, 커핑시연, 스페셜커피를 직접 만드는 과정뿐 아니라 다양한 커피를 시음할 수 있는 체험과 농장에서 생산된 커피의 직영판매장을 돌아볼 수 있다.

리베리카 묘목

접목시키기 위한 티피카 묘목

커피 묘목 접목과정

(3) 지역 브랜드마케팅

하와이는 빅 아일랜드뿐 아니라 오아후, 카우아이, 마우이, 몰로카이에서도 커피가 재배되고 있지만, 이중 코나 커피는 자메이카 블루마운턴(Jamaica Blue Mountain))과 예멘 모카 마타리(Yemen Mocha Mattari)와 함께 세계 3대 스페셜티 커피로 꼽힌다. 일정수준 이상의 품질기준을 통과한 최고급 커피는 일반커머셜(Commercial) 커피와 별도로, 스페셜티(Specialty) 커피로 분류되어 브랜드화 한다.

① 커피관련 지역 브랜드마케팅

코나 커피는 등급의 주요 기준이 되는 원두크기와 결점 수에 따라 코나 엑스트라 팬시(Kona Extra Fancy), 코나 팬시(Kona Fancy), 넘버 원(Number 1), 코나 프라임(Kona Prime)으로 구분된다. 생두의 크기(Screen size)에 따라, 크기가 19 이상인 것을 '엑스트라 팬시'라고 하며, 최고 등급 엑스트라 팬시가 세계 3대 커피로 알려져 있다. 생두 크기가 18이상인 것을 '팬시', 10이상인 것은 '넘버 원' 그리고 그 이하를 '프라임'이라고 한다. 코나커피의 경우, 코나 농장에서 수확해 선별한 원두를 최소한 10% 이상 함유해야 코나브랜드를 사용할 수 있다. 현실적으로 타지에서 코나커피의 진정한 맛을 보기는 쉽지 않은데, 그 이유는 코나커피

농장 내 커피판매점

의 명성과 함께 코나커피라는 이름을 딴 커피의 상당수가 코나에서 재배된 커피를 약 10% 정도 섞어 만든 것이기 때문에 코나의 독특한 맛을 느끼기가 어렵기 때문이다.

코나커피는 특유의 풍미와 고품질로 미국 본토 혹은 일본, 서유럽에서 고급브랜드로 각광받고 있고, 백악관에서 대통령 귀빈접대용으로 사용되고 있다. 생산량이 적어 희소가치가 높아 커피업계에서 고가커피로 인식되고 있다. 하와이 주 농무국의 규정에 따라, 엄격히 분류된 생두(로스팅전단계의 커피)는 품질체크에 의해 등급이 결정되고, 모든 검수를 마치고 포장된 커피의 검사가 완료되면, 생산농자, 등급, 코드번호가 기재된 품질증명서가 발급된다. 커피 포장마대 겉면은 품질증명서와 함께 동일 코드번호가 들어간 코나커피 마크가 기재된 라벨이 부착된다. 수출된 후에 라벨과 품질증명서를 조회하여 현지의 생산이력을 알아 볼 수 있다.

그린웰(Greenwell) 농장은 코나지역을 대표하는 농원의 하나이며, 자체브랜드를 갖추고, 티피카종 재배, 정제, 천일건조, 로스팅까지 완제품 생산을 자체적으로 하고, 하와이지역의 스타벅스 매장과 미국 본토 대형마트에 납품하고 있다. 1990년대부터 일본에 수출해 고급 코나커피브랜드로 인식되고 있고, 우리나라에도 커피프랜차이즈업체를 통해 수입되고 있다.

UCC(Uejima Coffee Company)는 자메이카 블루마운틴과 코나에서 직영농장을 운영 중이며, 전 세계 커피수입국가 중 2곳 이상의 산지에서 농장을 경영하는 회사이다. UCC는 하와이지역 문화교류 활동을 활발히 진행하고 있고, UCC 코나커피브랜드마케팅의 일환으로 일본을 중심으로 많은 참가자를 모집하고 있다. 하와이 코나마라톤과 코나커피 문화페스티벌의 스폰서로 페스티벌에서 우승한 미스 코나 퀸을 일본에 초청해 UCC 코나커피 브랜드 캠페인 마케팅 활동을 진행하였다.

또한 1995년 창립된 HCA (Hawaii Coffee Association)는 하와이 전 지

역의 커피농장주가 멤버로 가입되어 하와이커피 생산자단체를 대표하는 협회로 활동한다. 하와이지역 커피산업에 대한 컨퍼런스를 주최해 하와이커피의 지명도와 브랜드 인지도를 높이고, 커피페스티벌을 주관하는 등 생산자와 소비자 간 교류행사를 통해 하와이 커피상품마케팅에 주력하고 있다.

② 코나커피 문화페스티벌

하와이 코나커피 문화페스티벌(Hawaii Kona Coffee Cultural Festival)은 커피 최대 수확기 11월에 개최되는 하와이 최대의 커피축제이다. 축제 기간에 거리축제 '홀루알 로아 빌리지 커피 & 아트 스트롤(Holualoa Village Coffee &Art Stroll)'과 함께 커피요리콘테스트, 농장투어, 워크숍, 야외음악회, 미스 코나커피선발대회가 개최되고, 최고 커피원두를 뽑는 커피품평회(Cupping Competition)가 열린다. 페스티벌은 200년 전통을 이어온 코나커피의 다채로운 프로그램을 구현하며, 코나커피 농장부스 무료시음, 등급별 커피 설명, 하와이언 예술품 전시회를 통해 코나 커피를 세계적인 브랜드화하고 관광객을 끌어들인 농촌장소마케팅의 대표사례이다.

코나 커피 문화 페스티벌

3) 의의

하와이는 1959년 미국의 50번째 주로 편입되었고, 하와이 섬은 하와이제도에서 가장 큰 섬이자 그 명칭에서 주를 대표한다. 하와이제도에서 가장 잘 알려져 있는 곳은 오아후이며, 이 섬에 하와이 주 인구의 2/3 이상이 집중되어 있다. 이런 배경에서 하와이산업과 도시개발은 오아후를 중심으로 펼쳐졌다. 그러나 산업의 다양화와 자연관광, 레저수요 확대에 힘입어, 다른 섬에 대한 관심이 증가하였고, 마우이를 비롯해 카우아이와 라나이를 중심으로 하는 자연휴양과 하와이 섬을 중심으로 하는 코나커피산업이 새로운 지역의 브랜드로 부각되었다.

코나커피는 세계 3대 커피로 유명세를 더하면서 코나커피 재배지역 중심의 테마관광을 형성했고, 보는 관광(Sight-seeing)이 아닌 체험, 농업, 그린, 자연 등 성격을 지닌 슬로투어리즘을 지향하고 있다. 코나커피는 하와이 섬에서 생산하는 스페셜티 커피로 아라비카 티피카 품종이 전래되어 역사적 배경과 탁월한 자연이 조화를 이루어 만들어낸 최고의 걸작이며, 커피 플랜테이션의 쇠퇴 이후에도 지역과 주민이 힘을 합해 코나커피 브랜드이미지를 제고한 성공적인 개발사례로 인식된다. 특히 커피산업 활성화하기 위해 만들어진 커피농장체험을 통해 커피열매를 따고 로스팅하는 과정을 경험할 수 있는 커피마케팅과 코나커피 문화페스티벌 같은 지역문화행사에 전 세계에서 찾아오고 있다. 또한 빅 아일랜드의 코나커피농장은 혼합커피와의 차별화와 고급커피 문화정착을 위한 브랜드마케팅에 노력하고 있다.

커피는 전 세계에서 가장 광범위하게 거래되고 소비되는 기호식품이자, 가장 친숙하면서도 다양한 이야기 거리를 담고 있는 세계인의 음료이다. 하와이 섬은 화산과 에메랄드 빛 바다와 같은 아름다운 자연환경과 풍부한 자원을 지녔음에도 불구하고, 커피를 중심산업으로 선정하고 커피중심의 지역브랜딩을 지속적으로 추구하고 있다. 하와이는 '커피'라고 하는 기호식품의 역사를 지키고, 재배기술을 향상시키고, 첨단화를 실현함으로써 코나 스페셜티 커피라는 인지도를 얻었고, 이를 통해 자연을 활용한 세계 최고의 커피테마 도시로서 자리매김하였다.

:: REFERENCE

- 강성권·김형빈 (2004). 부산의 세계도시 브랜드마케팅 개발전략. 부산발전연구원.
- 강형기 (2010). 지역창생학. 생각의 나무.
- 권삼윤 (1997). 바르셀로나, 그리고 네 꿈을 펼쳐라. 월간 경영계, 231, 47-50.
- 권삼윤 (2002). 유네스코 지정 세계유산. 청아출판사.
- 권용우 외 14인 (2016). 도시의 이해. 박영사.,
- 김경님·이혁진 (2016). 체코 프라하의 문화관광과 도시브랜딩에 관한 연구. 한국사진지리학회지, 26(3), 1-12.
- 김경님·이혁진 (2018). 오스트리아 빈의 도시관광과 도시브랜딩에 관한 연구. 한국사진지리학회지, 28(3), 27-40.
- 김근영 (2011). 커피한잔에 담긴 사회경제상. 삼성경제연구소 SERI 경영노트, 113, 1-12.
- 김성욱 (2008). 커피전문점 시장의 현황 및 전망. 신한 FSB 리뷰, 2008년 1월호, 28-31.
- 김창환·정성훈 (2006). 하와이주 Oahu섬의 사진지리학적 고찰. 한국사진지리학회지, 16(2), 11-20.
- 김철회 (2011). 인터넷을 검색하여 만든 커피이야기 1: 커피의기원과역사. WeLink Communication.
- 김철회 (2011). 인터넷을 검색하여 만든 커피이야기 2: 커피와 문화. WeLink Communication.
- 김홍길·윤병국·박윤미 (2011). 우리나라 커피재배의 미래지향성에 대한 탐색적 연구. 한국사진지리학회지, 21(3), 140-152.
- 김나래 (2007). EU, NATO가 둥지 튼 '유럽의 수도' 브뤼셀. 국토연구, 311, 74-79.
- 김성진 (2006). 부다페스트 다뉴브의 진주. 살림지식 총서.
- 김영수 (2011). 도시 브랜딩(City Branding) 전략의 개념. 월간 자치발전, 1월호, 48-54.
- 김용웅 (2008). 도시재생정책의 패러다임 변화와 대응과제. 국토연구원, 315, 142-154.
- 김인 (1984). 도시지리학: 이론과 실제. 법문사.

- 김춘식·남치호 (2012). 세계 축제경영. 김영사.
- 나스 마사모토(저). 장상영(역) (2004). 히로시마 되풀이해선 안 될 비극. 사계절.
- 남영우·최재헌·손승호 (2019). 한국의 도시와 국토. 법문사.
- 노은주·임형남 (2020). 도시 인문학: 도시를 둘러싼 역사, 예술, 미래의 풍경 전 세계 13개 국가, 21개 도시의 인문학 여행. 인물과사상사.
- 대한국토 도시계획학회 (2019). 국토와 도시. 보성각
- 롬 인터내셔날(저). 정미영(역) (2019). 한눈에 꿰뚫는 세계지도상식도감. 이다미디어.
- 마이클스 토퍼(저). 이재열(역) (2021). 도시의 열쇠: 경제지리, 제도, 혁신, 정의. 국토연구원.
- 마쓰나가 야스미쓰(저). 진영환·김진범·정윤희(역) (2006). 도시계획의 신조류: 콤팩트시티, 뉴어버니즘, 어번빌리지. 한울아카데미.
- 문경원 (2013). 도시이미지 활용을 통한 도시마케팅 전략. 대전발전연구원.
- 박복제·우진경 (2011). 도시브랜드마케팅. 전남대학교출판부.
- 박세훈 (2007). 특집: 사회경제적 여건변화에 대응하는 도시재생정책, 선진국의 도시재생전략과 시사점. 국토, 44, 39-49.
- 박희두 (2007). 스페인, 포르투갈, 모로코, 바르셀로나 관광을 통하여 얻은 지리적 내용. 한국사진지리학회지, 17(2), 13-24.
- 볼커 포에즐(저). 김미영(역) (2005). 포르투갈 PORTUGAL. 도서출판 휘슬러.
- 성명희·이혁진 (2021). 인도 델리의 역사문화경관에 관한 연구. 한국사진지리학회지, 31(1), 44-55.
- 송필환 (2003). 포르투갈 르네상스와 까몽이스(Camões). 중세르네상스 영문학, 11(2), 369-386.
- 시공사 편집부 (2008). 오스트리아·부다페스트·프라하 JUST GO. 시공사.
- 신현중 (1998). 세계화의 본질과 특징. 산경연구, 6, 45-72.
- 신애경·이혁진(2017). 모로코의 문화와 종교경관의 이해. 한국사진지리학회지, 27(1), 27-40.
- 양재섭 (2006). 도시재생정책의 국제비교 연구. 서울시정개발연구원.
- 양재섭·김영환·김정원 (2007). 영국의 도시재생 추진기구와 지원제도에 관한 연구. 대한국토·도시계획학회지(국토계획), 42(5), 129-143.
- 엄상근 (2012). 제주도의 유네스코 창조도시 추진 전략. 제주발전연구원.

- 오동훈 (2006). 도시마케팅의 개념정립을 위한 소고. 국토계획, 41(1), 53-73.
- 오정은 (2012). 유럽통합에서의 브뤼셀의 위상. 통합유럽연구, 5, 49-62.
- 옥한석 (2018). 세계화 시대의 세계지리 읽기. 한울아카데미.
- 원윤수·한명수·이인성·이해방 (1992). 불어권 캐나다 연구. 지역연구, 1(2), 179-304.
- 유승호 (2014). 문화도시지역발전의 창조적 패러다임 문화도시. 가쎄.
- 유시민 (2022). 유럽 도시 기행 2: 빈, 부다페스트, 프라하, 드레스덴 편. 생각의길.
- 유예경·김인신·이혁진 (2021). 관광지의 소셜 미디어 광고가 관광태도 및 스토리텔링에 미치는 효과. 관광연구저널, 35(6), 135-147.
- 유현준 (2015). 도시는 무엇으로 사는 가: 도시를 보는 열다섯 가지 인문적 시선. 을유문화사.
- 이노우에 토시히코·스다 아키히사(저) 유영초(역) (2004). 세계의 환경도시를 가다. 사계절.
- 이동현 (2003). 일본의 도시재생 프로젝트 추진과 지자체 동향. 대한지방행정공제회, 38, 120-133.
- 이문원 (2010). 옛 해양대국의 자취가 남아 있는 리스본(Lisbon). 국토, 340, 70-75.
- 이미순 (2010). 축제가 도시브랜드를 만날 때, 새로미.
- 이삼수 (2006). 도시패러다임 변화의 의의. 도시정보, 295, 2-12.
- 이석원 (2020). 예술과 함께 유럽의 도시를 걷다 음악과 미술, 문학과 건축을 좇아 유럽 25개 도시로 떠나는 예술 기행. 책밥.
- 이승용 (2003). 포르투갈의 마누엘 양식과 그 상징에 대한 이해. 국제지역연구, 6(4), 241-274.
- 이왕휘 (2006). 세계금융 중심도시 네트워크의 국제정치경제. 국가전략, 12(4), 5-39.
- 이은해 (2004). 유럽통합 전후에 나타나는 스페인 카탈루냐(Cataluna) 지방의 언어문화정책. 유럽연구, 20, 271-291.
- 이장훈 (2001). 유럽의 문화도시들. 자연사랑.
- 이종용 (2007). 새로운 도시개발 패러다임이 도시개발정책에 주는 시사점. 지리학연구, 41(3), 265-274.

- 이혁진 (2005). 사진을 이용한 일본 히로시마의 관광지리적 이해. 한국사진지리학회지, 15(1), 1-15.
- 이혁진 (2015). 유럽의 문화와 관광. 새로미.
- 이혁진 (2019). 세계지역의 이해. 새로미.
- 이혁진 (2020). 세계유산의 이해. 새로미.
- 이혁진 (2021). 지구촌 한바퀴 세계지리와 문화. 새로미.
- 이혁진·김경님 (2019). 슬로베니아의 관광지리경관에 대한 고찰. 한국사진지리학회지, 29(3), 45-56.
- 이혁진·김경님 (2020). 오스트리아 잘츠부르크의 문화유산관광과 도시브랜딩에 관한 연구. 한국사진지리학회지, 30(2), 68-77.
- 이혁진·신애경 (2009). 영화 및 드라마촬영지의 관광이미지를 통한 관광자원 활성화 방안. 한국사진지리학회지, 19(4), 119-129.
- 이혁진·신애경 (2015). 포르투갈 리스본의 역사문화경관 고찰. 한국사진지리학회지, 25(1), 87-98.
- 이혁진·최성환 (2013). 일본 돗토리현의 지역관광에 관한 연구. 한국사진지리학회지, 23(1), 107-119.
- 이혁진·홍영택·신애경 (2012). 하와이 빅 아일랜드 코나 커피의 형성과 지역관광에 대한 연구. 한국사진지리학회지, 22(2), 175-185.
- 이현욱 (2022). 도시, 그지리적 참구. 전남대학교출판문화원.
- 이후석·오민재 (2013). 테마가 있는 도시관광. 새로미.
- 임근욱·이혁진 (2011). 유네스코 세계유산으로서 바르셀로나 가우디 건축의 이해. 한국사진지리학회지, 21(1), 1-10.
- 임근욱·이혁진 (2012). 유네스코 세계유산 퀘벡 역사지구의 문화관광자원에 관한 연구. 한국사진지리학회지, 22(1), 107-117.
- 임근욱·이혁진 (2013). 헝가리 부다페스트의 문화와 도시관광에 관한 연구. 한국사진지리학회지, 23(1), 141-150.
- 장선영 (2003). 2000년의 역사와 가우디의 도시 바르셀로나. 국토, 255, 74-80.
- 장연욱·정해수 (2019). 유럽도시와 문화. 동아대학교출판부.
- 장원석 (2003). 평화운동과 도시의 역할. 사회발전연구, 18, 189-212.
- 정삼석 (2020). 국토 도시계획론. 기문당.
- 정은혜·손유찬 (2018). 지리학자의 국토읽기. 푸른 길.
- 정희수 (1992). 퀘벡경제의 문제점과 전망. 불어문화권연구, 2, 211-222.

- 조미화 (2017). 걸어서 하는 도시 건축 여행 바르셀로나에 가자: 시간과 공간을 주름잡는 바르셀로나. 제이앤제이제이(디지털북스).
- 조태남 (2014). 컬처노믹스 기대의 문화도시 브랜드. 신아사.
- 조찬수 (2005). 퀘벡 분리주의와 신자유주의. 국제정치논집, 45(4), 379-401.
- 조철주 (2006). 미국의 스마트성장 출현배경과 운용실태. 국토, 299, 42-51.
- 존스톤·그레고리·스미스(역). 한국지리연구회(저) (1992). 현대인문지리학사전. 한울아카데미.
- 최대식·강명수 (2006). 여유로운 삶의 구현: 슬로시티, 국토토시 Brief. 한국토지공사.
- 최재헌 (1996). 세계화와 지방화: 그 지리적 의미의 연속성. 지리교육논집, 36, 126-133.
- 최조순·강현철·여관현·강병준·김영단 (2014). 세계도시의 이해. 한국학술정보.
- 한국교통연구원 (2005). 김포시 광역교통 개선대책에 따른 사전분석 조사 연구보고서.
- 한국도시지리학회 (2008). 살고 싶은 도시 정책관련 선진국의 법령 및 제도 조사·분석 연구.
- 한국도시지리학회 (2020). 도시지리학개론. 법문사.
- 한영주·이무용 (2001). 서울 2002년 월드컵과 도시마케팅. 도시문제, 36(394), 3-15.
- 호리구치 토시히데 (2010). 커피교과서. 도서출판 달.
- 홍경희 (1981). 도시지리학, 법문사.
- 황상구·이문원·원종관·우경식·이광춘 (2003). 하와이 섬의 지질과 마우나로아 및 킬라 우에아의 화산활동. 암석학회지, 12(4), 184-195.
- 21세기연구회(저). 전경아(역) (2018). 한눈에 꿰뚫는 세계민족도감. 이다미디어.
- 建井順子 (2004). 鳥取縣における訪日外國人受け入れ現狀と課題. TORCレポ—ト, 23, 20-26.
- 松田眞由美 (2004). 鳥取砂丘觀光の課題と方向性-砂丘政策の歷史的分析から. TORCレポ—ト, 23, 9-19.
- 松田眞由美 (2004). 鳥取砂丘の來訪者の意向-イリュ—ジョンII -來訪者意識調査の結果-. TORC レポ—ト, 24, 19-31.
- 鳥取砂丘再生會議(保全再生部會) (2010). 山陰海岸國立公園鳥取砂丘景觀保全調査報告書.

- Berg, Leo Van den, Drewett, R. D., Klassen, L. H., Rossi, A & Vijverbberg, C. H. T. (1982). Urban Europe: A study of growth and decline, Oxford: Pergamon Press.
- Chang, D. S., Kim, H. Y. & Lee, H. J. (2020). Sports and Culture: Exploration for the Thought of Diversity and Historical Approach. Journal of Sport and Applied Science, 4(4), 7-17.
- Feagin, J. R. & Smith M. P. (1987). Cities and the new international division of labor. In Smith, M. P. and Feagin, J. R., (eds.) The Capitalist City. Oxford: Basil Blackwell, 3-34.
- Friedmann, John (1986). The world city hypothesis. Development and Change, 17(1), 69-84.
- Hall, P. (1966). World Cities. New York: McGraw-Hill.
- Kim, H. Y. & Lee, H. J. (2020). Sports and Geography: Exploration for Spatial Approach. Journal of Sport and Applied Science, 4(2), 11-17.
- Knox, P. & Agnew, J (1989). The geography of the world economy. London: Edward Arnold.
- Paelinck, J. & Klaassen, L. (1979). Spatial econometrics. Farnborough: Saxon House.
- Simon Anholt and GMI (2006). The Anholt city brands index: How the world views its cities. GMI.

저자 약력

▪ 이혁진(李赫鎭)

경희대학교 지리학과 졸업
경희대학교 대학원 이학박사(관광지리학 전공)
한국사진지리학회 제15대 회장
한국관광연구학회 부회장
을지대학교 부설 을지인력개발원장
을지대학교 국외여행인솔자 소양·양성교육과정 교수
을지대학교 대학원 스포츠융합학과 교수
을지대학교 성남캠퍼스 교양학부 교수

- 연구 분야: 관광지리자원, 문화관광, 아웃도어관광
- 주요 저서: 세계유산의 이해, 세계지역의 이해, 유럽의 문화와 관광, 지구촌 한바퀴 세계지리와 문화(새로미) 등
- 주요 논문: Tourism Behavior in Seoul(SSCI: Tourism Geographies)
  여가공간으로서의 청계천 수변공간이 서울시티투어 만족도에 미치는 영향(KCI)
  자연휴양림의 여가특성에 관한 연구(학위논문) 외 다수

글로벌 도시의 이해

발행일 | 2022년 12월 15일 발행

발행인 | 모흥숙
발행처 | 도서출판 새로미

저 자 | 이혁진

주 소 | 서울 용산구 한강대로 104 라길 3
전 화 | 02) 523-5903~4
팩 스 | 02) 775-3246

E-mail | seromi@seromi.kr
Homepage | www.seromi.kr

ISBN | 978-89-6476-806-8 93980
정 가 | 20,000원